小帕 Angie P. 著

序

黃綺雲 Leanne Wong
前《大日子》和《品尊》雜誌總編輯

緣份，總是令人意外，在毫無先兆下安排了生命中應當遇上的人。數年前認識Angie，她仍是任職餐飲及酒店集團高層，在一次船上舉辦的傳媒活動中，她見我那位呆立一角的同事，於是主動上前跟他打招呼並自我介紹（註：當時我的同事還是初入行，性格比較內向及寡言，但親切的Angie卻令他第一個自行出席的傳媒活動印象難忘。）期後，Angie主動來到我的公司跟我見面，更邀請我出席一個有關健康素食的活動，從那刻開始，我們的生命軌跡開始有了交匯點。但卻從沒想到，這位健康、健談、美麗、外向，且充滿自信的女孩，原來是一位抗癌勇士。

疾病，總在毫無先兆下損害你的身體，蠶食你的健康，直到無可挽救的地步。其實一切病因總是有跡可尋，只是許多人都對這些警號視而不見。幸而我身邊有Angie這位純素健康迷，她不單飲食健康，而且熱愛運動，看到她的健身照片，時刻提醒我健康才是最重要。

生命的價值，不在於你擁有多少，而是你放下多少。Angie身體力行，把自己的健康生活跟大家分享，實在令人鼓舞！有幸認識了Angie，為了你今天放下高薪厚職，放下緊張的生活，努力追尋自己的夢想而感到驕傲。

前言

香港坊間有許多各式各樣、不同的流行食譜和飲食節目，數目之多，到了有點泛濫的感覺，但題材和形式卻很劃一，使我很想做一本很不一樣的另類純素書。

這本書除了描述我的抗癌過程外，也簡單介紹了純素生活的點滴。我不想說教，網上已有很多科學和醫學資料，所以也只是輕輕帶過。我不是醫生，也不是營養師，但藉着分享我的癌症逆轉過程和七年素食經驗，讓有癌症的人士有一份鼓舞作用。正面的心態對任何病，尤其是癌症有莫大的幫助。另外，我希望從分享這故事，令不能或不想利用傳統醫治方法的人士有多一個選擇。試想一下，手術或藥物一般是可以移除病徵，部分情況也可以除去病源，但如果我們不找出致病的原因和找辦法把它改善，癌症也好，心血管疾病也好，食物敏感也好，都很大可能會復發，所以改變飲食和生活方式才是最終極的做法。

書中介紹了我經常光顧的餐廳和店舖，好讓讀者知道香港那裏有好的純素選擇。喜歡在家煮食的讀者，我搜羅了一些我自己和純素朋友設計的精美食譜，給大家參考一下本地和外國的純素飲食文化。

至於個人最喜歡的部分，則是我訪問了全世界十五位不同背景、年齡、職業的純素者，他們分享了獨一無二的純素故事。

書內設計方面我也力求另類，所以這本書結合了素食和藝術。作為一個寫作人和導演，我希望故事要動聽，視覺要唯美。本書的設計結合了素食和藝術，希望給讀者不一樣的體驗。藝術也可以是生命正能量的來源之一。

在此我想感謝爸媽給我的支持，尤其是爸爸這兩年來一直細心閱讀我從第一版到最後版本（共七個），每次都給專業意見和幫忙校對。媽媽雖然還不是吃素，但也幫我研究了很多不同的純素食譜，每次不停地試用不同的份量和食材，希望令食物更完美，我特別欣賞她的麵包機純素麵包。另外，也想特別謝謝好朋友李啟兒幫忙翻譯了部分外國朋友的食譜和訪問，分擔了一些繁瑣的工作，實在非常感恩。在這漫長的過程中，有很多朋友曾經幫忙接受訪問，提供食譜和給我無限量的支持，我都一一銘記在心。

剛才説媽媽在我交稿時不是茹素，但她卻在我交稿後不幸患上癌症，醫生建議她做手術，她著急起來在一個星期內就決定了，爸爸沒有勸阻，我和他們談過後亦沒有幫助。身為女兒的我，覺得萬分無奈！我自己憑純素飲食成功逆轉癌症，亦幫助了無數的人明白健康之道和改變生活方式，但家裏最親的人卻還是相信手術是治療癌症最好的方法。幸好，她終於領悟到令癌症不復發的最好方法是根治問題所在，而不是那裏有癌症就切那裏，所以媽媽決定手術後轉吃純素調理身體，這也是我的一點安慰，亦希望她從而改善身體狀態，以及學會調整心態面對手術後的問題。

希望大家喜歡這本書，看後對食物、生活和藝術有一個完全不同的看法和體驗。

作者簡介

小帕 Angie P.

新加坡籍香港人，穿梭於香港、中國、新加坡、美國等各地工作。

小帕鍾情於創作獨立影片，除了在幕前演出外，也在美國和香港擔任監製、編劇和導演等職位，包括的作品有：在香港獲金獎的微電影《Fast Love》；在洛杉磯拍攝的電影《Night Before The Wedding》及《Goodbye Promise》等。最近她編劇和執導的微電影《尋蹤》、《新起點》和素食公益片《Beyond 24》更大獲好評，此三部影片都是中港合作。《Beyond 24》獲得香港素看地球短片比賽冠軍，而《尋蹤》和《新起點》也入圍多個海外電影節。《新起點》和《Beyond 24》分別在短短數月內在不同網上平台有超過一百萬的點擊率。此外，Angie 和香港人氣演員白健恩、盧頌之等合作拍攝電影《愛．打卡》，於各地的電影節參展，故事以香港及新加坡為背景，是一齣以社交媒體及生活文化為題材的電影。

小帕是素食者，她的片場也是全港第一個全素食片場，無論是製作團隊和演員的膳食，或是片場的食物道具，都是不折不扣的純素食品。另一個新項目，是人氣急升的純素生活平台《V Girls Club》，從概念、策劃至編導，小帕都親力親為，除了拍視頻，這班陽光可愛的女孩每星期會舉辦素食飯局、健身班和其他養生活動，務求推動及普及綠色純素生活文化。

小帕擁有多國不同語言，以及靈活的優勢使她在娛樂和藝術界有出色的表現，然而她最引以自豪的是她純素的生活方式。她是公認的「健康迷」，除了健康的飲食外，她在户內户外教授不同的運動班，被認為是香港首位女性純素健身教練。這幾年她曾接受多個本地和海外媒體訪問，例如南華早報、Cosmopolitan 及 Vice 等，而且她自己也是半個傳媒工作者，曾在中國及香港著名的雜誌和網上平台擔任健康生活專欄作家，例如 Baccarat、大日子及 OpenRice 等，分享時尚健康潮流資訊。

有所不知，小帕曾修讀工商管理，任職傳訊部的高層人員。她是一個讀書人，以全“A”的成績考取了工商管理碩士學位，也在美國開始攻讀心理學博士課程，最近卻果斷地決定暫停學業，全職投身推廣健康純素生活的工作。

其實小帕是一個癌症康復者，只靠改變飲食和生活方式而成功痊癒，治療過程中沒有施行手術、電療或化療。自康復以後，她開始努力推廣素食，幫助更多人認識健康生活的重要性，也在美國責任醫師協會（PCRM）擔任名人教練。最近她更受到不同界別人士的投票和認可，榮獲 Roadshow 綠星級環保大獎 2015。

目錄

Chapter One
真人真事。我的抗癌故事

Chapter Two
純素。冷知識

Chapter Three
營男素女。十問十答

Chapter Four

10分鐘。純素食譜體驗

友人純素推介

Chapter Five

素食。好地方

真人真事。我的抗癌故事

生命中最可怕的事情，並不一定遇到一隻擁有鋒利牙齒、發出憤怒咆哮或滿身散佈毒刺的巨型怪獸。有時候它是微小如塵，甚至是看不到或感覺不來的東西，但卻足以奪走你的性命。

這是一個真實的故事。

恐懼 24 小時

2007 年 11 月，我踏上從香港到美國新墨西哥州阿拉莫戈多（Alamogordo, New Mexico）的旅途。要考驗耐性和忍耐力，莫過於乘坐長途飛機，這個旅程平均需要 24 小時。阿拉莫戈多並沒有機場，最近的機場是在德州艾爾帕索（El Paso, Texas）。通常從香港轉兩次機才到艾爾帕索，由機場再開車大約一個半小時才到達阿拉莫戈多。第一程機需時十多小時，運氣好的話，等候轉機的時間比較短；運氣不好的，可在機場呆等半天。

我喜歡小孩，但在長途飛機上坐在嬰兒旁邊是一種受罪。坐在狹窄的座位上，一直被狂哭轟炸超過 15 小時。飛機餐的份量少得可憐，卻也不見得是貴精不貴多，為什麼以龐大見稱的美國，有大屋、大車及大餐，但在飛機的一切卻是如此細小？真是百思不得其解。

飛機降落前的數小時，嬰兒和他的父母終於開始寂靜下來，令我可以得到片刻寧靜。我打算好好休息一下，然而就在這一刻被身體一些不尋常的情況打擾着——我赫然感覺自己在淌血。四周恍然靜了下來，我只聽到自己的心跳聲。

心想，大事不妙。我笨拙地解開安全帶，慢慢提起軟弱的腳，在黑暗中往洗手間飛奔。

在洗手間查看之下，我嚇呆了。鮮血不斷從我的身體湧出來，也看到一個小番茄這樣大的血塊。我很想尖叫，喉嚨卻好像被割了，而不能發聲。魂魄回過來後，我盡力抓住身邊的擦手紙來止血。

我不敢跟空姐説，覺得很尷尬，也覺得沒有人可以幫到我。回到座位後，我覺得我的手錶好像損壞了，時間停滯不前。飛機降落前的數小時，是從未如此的漫長。我暗暗祈禱，希望我不會就這樣死去；要死都要死得轟轟烈烈的，千萬不要在經濟艙座位上暴斃。

太多謎團

下機後，出血的情況好像穩定下來，而且經過24小時的旅程，我累到半死，只想回家睡覺，所以沒有半夜到急救室去。第二天早上，我立刻打電話給當地的軍醫。當時的我已婚，嫁了給一個美國空軍軍人，住在阿拉莫戈多的霍洛曼空軍基地（Holloman Air Force Base）。

當天我確實見了醫生，把每個細節一一道來，但是他並沒告訴我到底在飛機上發生的是什麼事。從那一天起，我多次到訪軍隊的醫院，不同的醫生和護士曾經跟我對談，但始終沒有任何一個人真正知道發生了什麼事。除了感到惶恐，也只有不安。

「是壓力吧！有時候機途太長，女士會異常出血，繼續留意着情況便可，不要太擔心。」

[霍洛曼空軍基地。]

「讓我們為你驗血。也許你懷孕而流產了，而你不知道。」

「或者照照超聲波吧！可能可以找出原因。」

「不如嘗試服用避孕藥三個月，這或者可以幫你平衡荷爾蒙。」

我很聽話，醫生說什麼，我就做什麼。結果呢？丁點兒效果也沒有。一個月、一個月的過去，沒有人可以把我治好，我總是斷斷續續的流血不止。這病令我不敢外出，很影響我的情緒、學業和工作。

2008 年的春天到了，但我的謎團還是沒人能替我解開。有太多可能，但沒有答案。

不一樣的生活

在2008年所發生的事都特別瘋狂。那年初，我的丈夫突然接到軍事指令，需要在六月底前搬到俄亥俄州接受一份新的工作。那時候我不知道如何去面對，是有一點百感交集——他升級了，值得高興，但他的工作需要經常出差到不同的空軍基地，每次一個月，每兩個月轉一次，一年內有半年不在家。出差不是一個甚麼大的問題，但美國的敵人太多了，擔心他去的是一些戰場或不安全的地方。

當時我向好的方向去想。阿拉莫戈多是一個小軍鎮，人口只有三萬人。鎮裏最大的僱主就是美國空軍和跨國零售巨人沃爾瑪（Walmart）。我期待着搬到一個大一點的市鎮，醫生的素質也可能比較有保證，他們應該可以助我解開多個月來的謎底。

我們搬到俄亥俄州時，暫住在樓高一層簡陋的Econo Lodge汽車旅館。房間雖然細小，但尚算五臟俱全。兩張平凡的單人床、一間小小的浴室和一個迷你微波爐，這就是我們的家了。

我的身體時好時壞，繼續間歇性地有大量出血和血塊，有些日子我完全不敢外出，否則場面不堪設想。每次我走出旅館房間都非常憂心，希望不會把地方弄到一團糟。然而，最終也試過幾次尷尬收場。

那時我們有一隻芝娃娃叫Skye，寵物就像我們的家人，牠自然地跟着我們搬家。沒有酒店准許攜帶寵物，因此這家汽車旅館變成我們唯一的選擇。最後，我們在旅館住了幾個月。長期住在沒有煮食地方的幽暗房間是減壽的最好方法，所以最終寄人籬下，在軍隊的朋友家住了一段時間。

在這段期間除了找房子、物色醫生和繼續學業（我在2007年開始心理學的博士課程），也要應對新的環境和嘗試找新工作。四處為家、陌生的環境，直至我們找到一個叫「家」的居所，一切都是無形壓力。這對我的病及兩夫妻的感情並沒有幫助。

殘酷的真相

連續住了汽車旅館和同事家幾個月，我們終於在紐華克（Newark）落地生根。紐華克距離希思（Heath）只需十分鐘路程，人口不過五萬人，感覺比只有一萬人的希思還好。

這裏附近沒有正式的軍事基地，所以那些在霍洛曼空軍基地的雅緻設施，例如給軍事人員和家眷享用的戲院、自助中心及百貨公司都一一欠奉。希思只有十餘個現役軍人及一些國防部承辦商在此紮根，如負責提供飛機給空軍的波音公司（Boeing）。距離最近有醫院的軍事基地位於代頓（Dayton），離紐華克大約 100 英里的賴特帕特森空軍基地（Wright Patterson Air Force Base）。

我們在 2008 年 6 月搬到俄亥俄州，但直至 2008 年 12 月才成功轉介到城市的婦科醫生進行檢查。軍隊的醫療服務是免費的，一旦離開軍營的醫院，要利用軍隊的保險看私家醫生的話，問題就來了。自難忘的飛機途上來到進行活組織檢查這一天，拖延了差不多一年的時間。

[經過多次的診斷，
換來一份份的醫療檢查報告。]

進行子宮頸抹片檢查和活組織檢查後，我的新醫生不看好我的情況。由於子宮長期異常出血，醫生建議以子宮擴張和刮宮術（D&C）診斷。

經過無數到訪診所的經歷，我知道不能再讓他們進行更多的測試或手術。我不想繼續再為保險問題與診所和空軍的醫療保險公司在電話上爭吵，這令我更心煩意亂。當我面對如此困擾的保險問題，開車兩小時到賴特帕特森空軍基地，相對地已不是什麼煩惱事。儘管霍洛曼空軍基地的醫療服務令人失望，我卻決定再給軍醫多一次機會。幸好那時候我有自己的公關公司，工作時間較有彈性，毋須擔心經常向僱主請假到遙遠的地方看病。

2009年2月尾，我在賴特帕特森空軍基地進行第一次刮宮手術。然而最殘酷的事情發生了——我證實得了癌症。

非一般案例

足足一年三個月，子宮內膜癌導致我的身體不斷異常出血。缺陷的細胞一直在折磨着我，我感覺不到，也看不見。這的確是個壞消息，但正面地想，這是屬於初期的癌症，是不幸中的大幸。

其實我還年輕、健康，苗條，而且吃得有營……至少我認為我是，我不吸煙、不喝酒、不吸毒。所有看過我的腫瘤科醫生都說我的情況與一般的子宮內膜癌症病人有別，並不是教科書所說的典型例子。

40歲以下的婦女很少患上子宮癌，它最常出現在60至75歲之間的女性身上。如果女性比較肥胖、更年期遲來，或排卵不正常等，患子宮癌的機會則較高。

「怎樣才可以治好？」

我並不為自己是非一般案例而感到開心——獨一無二是一件好事，但我希望能在其他方面獨一無二，而不是在癌症上。正因為我的情況太獨特，以前的醫生都沒想到我是患上癌症。我也不相信我得到癌症，為什麼是我？肯定化驗報告沒錯？我會死嗎？

「以防萬一，請你考慮全子宮切除，我建議把卵巢也割掉，因很難講癌細胞有沒有蔓延了，這樣是最安全、最有效的方法移除癌細胞。」

腫瘤科醫生稍稍停頓，再說：「但如果你決定保留你的生育能力，我們可以嘗試一些保守的方法，如藥物治療和放射治療。」

Non-violence leads to the highest ethics, which is the goal of all evolution. Until we stop harming all other living beings, we are still savages.

Thomas Edison (1847-1931)

女人的直覺

每年有成千上萬的美國人死於醫療錯誤，包括不必要的手術、不良的藥物反應，住院時受感染等。我更關心的是手術和麻醉的併發症和副作用，多於失去了幾個器官……我還是把那句話收回。子宮是我的，是媽媽給我的，不應該隨隨便便的給拿走。

在 2009 年內，我接受了軍醫和私家醫生的各種意見和測試，包括超聲波、電腦掃描、磁力共振、活體檢視、刮宮手術，甚至遺傳性癌症基因測試。軍醫們需要上戰場，也會經常被調配，加上一些軍事基地缺乏癌症專家，所以我前後共接受了四個軍隊和私家腫瘤科醫生的治療。

「我希望將來可以生小孩，所以在這個時候我不會接受手術。」

那時候，丈夫和我都不是特別想要小孩，但卻相信這是逃避進行手術的最佳藉口。美國空軍有提供醫療服務和保險給空軍家人，如果我選擇做手術的話，其實一分錢都不用付。女人的直覺很奇怪，特別是我這種比較有感應的人，我是絕對尊重醫生的醫療知識，但奈何我老是信任不了那四個醫生，也覺得應該有其他的治療方法。聽起來我自己也覺得奇怪，一般來說，當你看了一個醫生，他提議你做手術，你通常會問第二個醫生的意見，如果第二個醫生說同樣的話，可能 80% 的人就決定做手術。若然較為小心的人，看了第三個醫生，聽了同樣的忠告，應該 99.9% 的人都會認命接受手術。另外 0.1% 的人可能看完第四個醫生後也會乖乖的安排手術。

我看了四個醫生，但我一點都聽不入耳。為什麼一個講究數據、攻讀博士課程的人會有這樣的想法？我只可以解釋說我的感應太大了，不可以用一般的常識和角度去看我自己的健康、生命。

自2月份的決定後，為了控制癌症的蔓延，醫生開始替我進行荷爾蒙治療。醫生告訴我，除非我決定切除子宮，否則癌症是不能治癒的。他們所做的只是儘量控制癌細胞擴散，把手術延遲，而且每隔數個月需要到診所檢查，更不能拖延手術超過一年。

藥物治療可能不如化療那麼差勁，可是因為治療的關係，令我彷彿老了十年。我睡不着、心怦怦地跳，有時甚至大聲一點說話都覺得呼吸困難。藥物的說明書還有一大堆寫得密密麻麻的副作用，我隨便看了一次，覺得我吃了這些藥後可能會早死十年，亦可能有很多想像不到的併發症，所以我並沒有定時的把藥吃完。

天使的降臨

我心情沉重，性格也變得內向了，不過人畢竟仍要繼續生活。在混亂和焦慮當中，我依舊盡力工作、上課和做義工。我已對外出遊玩或社交活動提不起勁，但因工作和個人興趣的關係，我決定開車到俄亥俄州的首都哥倫布（Columbus）看一套紀錄片《Flow》，影片討論全球缺水危機，以及一些大型企業如何蠶蝕公眾的水。

電影在2009年3月一個小型的私人地方放映，由一家非營利組織籌劃。這齣紀錄片很了不起，但奈何觀眾只有四個人，包括統籌者和我，其餘兩人是Eriyah Flynn和Priya Shanker，她們自稱為純素者。看完電影後，我們四個人自然地聊起來，我留意到Eriyah穿着一件黑色的短袖上衣，胸前印有一個很大的英文字「vegan」，下面印有英語字句「全素食——同情心、非暴力、為人類、為地球、為動物」。

「V-gun？是英文嗎？」這聽來像美麗的外語。在中國文化中，我們只用「素食者」；「純素者」卻很陌生。

「純素者完全與殘酷生活隔絕。我們不吃動物、海鮮、奶製品、雞蛋或蜜糖，也不使用動物產品如皮革或皮草。」Eriyah 凝重地告訴我。我們就這樣圍繞純素者生活方式的話題談論了差不多一個小時。閒談間，我也不知道為什麼我會跟她們說我有癌症，我一向不喜歡談這病，身邊很多親戚朋友都不知道我這一年的事情。

「你有沒有想過你吃的東西會致癌？」我聽了後，有一點氣。

「我是中國人，我吃的很健康！」這是一個無知女孩的答案，以為自己很懂營養學。

她們不約而同耐心地解釋過量的動物蛋白質有機會致癌，說那些一向為人熟悉的知識已經不合時宜，並告訴我可找柯林・坎貝爾博士（Dr Colin Campbell）撰寫的一本書《救命飲食》（The China Study）查證，當中詳細地列出有關我需要深入研究的癌症研究和資料。我們交換了聯絡電郵和電話，她們說如果我需要其他資料的話，可以隨時找她們。

這兩個女孩哇啦哇啦的說了很多我從沒接觸的話題，但我的腦海不斷泛起疑問。她們說研究證實動物蛋白質會導致和擴散癌症，是真的嗎？她們這樣說，不是與政府和其他醫療機構多年來鼓吹市民參照的食物金字塔大唱反調嗎？我們熟悉的食物金字塔包括肉類、海鮮、奶製品和雞蛋，進食含高蛋白質的肉、奶和蛋不是對身體好嗎？而且人類必須喝牛奶，眾所周知其鈣質含量高……一切都變得很奇怪。

我不知道為甚麼她們對陌生人，可以這麼熱情交談那些看似枯燥乏味的癌症和環保研究。現在回想起來，我才意識到她們是上天派來的天使，帶給我需要的訊息和解決癌症的方法。當時，她們的誠意和我的好奇心促使我尋根究底。

180 度轉變

回家後，我回想她們跟我說的話，她們沒有賣任何食品或藥品給我，只是着我留意自己的飲食，又說吃素可以治病。我的直覺告訴我她們不是壞人、騙子。如果我真的可以用我的叉，而不是醫生的刀，將這個煩擾了我一年的病治好的話，那不是應該試試看嗎？

其實，回心一想，我到美國生活後已經是一個不節不扣的美國人：我每天都喝汽水；週末吃炸雞自助餐；晚上看電視時吃一桶一桶的雪糕，而非一杯一杯。我也不是一個什麼神聖的、健康的中國人，平常一個人在家的時候，我最喜歡煮一碗午餐肉雞蛋飯或臘腸飯；雞翼、牛排、炸魚，我什麼都喜歡吃，也吃得特別多。加工食品、糖分高的糕點、油炸食品均是我的最愛。這樣吃都不胖，所以我有膽量繼續吃。雖然我有吃一點蔬菜、水果，但我還是慚愧當天高傲的說我是中國人，吃的很健康。認識我的人可能想像不到我以前的飲食習慣是那麼的不「性感」和不健康。

我在大學圖書館和網絡搜索了不同的資料，也在網上買了 Eriyah 和 Priyah 建議的《救命飲食》一書，在學術刊物、紀錄片和書本得出的查證確實令人驚訝。有不少科學家對癌症和純素飲食的關係進行了深入研究，結論是過量動物蛋白質導致和擴散癌症。植物蛋白質很有益，比從肉類中吸收的動物蛋白質更出眾，而且牛奶根本無助強健骨骼，實際上它的功效正正相反。

從那時開始，我決心吃素把癌症治好，決定不接受手術、電療和化療，我一次都不想做。醫生覺得我瘋了，爸媽擔心得要死。是不是我真的太任性？還是我只是做一些其他人不習慣、不敢嘗試的非主流東西？

[跟 Eriyah 到超市購買純素食材，令我眼界大開。]

[自家種植之有機蔬菜。]

Eriyah 開始帶我到超市選購食物，並教我如何購買代替品。她説吃純素也可以吃得很好，而且剛開始吃純素的時候，某些代替品能把我的過渡期變的較容易和有趣。在市面上搜尋純素產品，無論是植物牛油、椰奶雪糕或大豆「肉類」，都是大開眼界的體驗。我也認識到不同種類的蔬菜、水果、穀類、菇類和豆類，一切也是我之前沒有留意的，突然間我的食物字典豐富了十倍。

我以為我吃得很健康，原來卻不是。三月底我完全放棄了肉類，但還吃一點海鮮和雞蛋；四月份，我成為蛋奶素食者，不到一個月內，則變為純素者。當我對飲食、健康、動物和環境之間的關係有了一定的了解後，選擇純素的生活是理所當然。

不久之後，我參加一個由著名純素營養師 Dr. Pam Popper 講解有關植物為基礎食品的課程，學習植物營養學，如何閱讀食品標籤、純素烹飪，也向廚師 Del Sroufe 偷師，學懂以植物為主、不用油的健康烹調貼士。

這個課程為我從 Eriyah 身上所學到的，以及於網上所獲得的純素食資訊打下了強心針。而且，我還加入了在哥倫布（Columbus）舉辦的純素者 Meetup 團體，與一大群素食者和純素者成為朋友，令我吸收無數實用的資訊。

成為純素者比我想像中容易，唯一的困難是怎麼令家人和朋友融入自己的新生活。剛開始的時候，我在家裏預備兩份午餐、兩份晚餐：一份是純素，我吃的；另一份是葷，丈夫吃的。在這段時間我開始認識很多新的素友，哥倫布吃素的風氣很好，也比較普遍，所以無論外出吃飯或在朋友家，必定找到營養而美味的純素菜式。我的朋友圈子開始慢慢改變，俗語說：「近朱者赤，近墨者黑」同類的人自然走在一起，物以類聚。身體上的轉變是很需要，但我發現心靈上的支柱也同樣重要。我開始自己的「身心治療」時，身邊家人是不支持的，所以我的扶持全靠新認識的朋友和一些身旁的知己。

過了一段時間，丈夫慢慢看到我很苦心，也看到我的素菜蠻吸引，他開始說不用刻意地煮肉、海鮮給他，可嘗試吃我做的素菜。他的同事對素食不了解，也對我的病不聞不問，聽說有時候他的同事看到素食愛心飯盒，會取笑他怎樣吃得飽或說什麼男人要吃肉之類之類的說話，所以他跟同事、朋友在外吃什麼我不管，反正我不用花時間做飯，已經很滿足。

另類的抗戰

2009 年 5 月，我進行第二次刮宮手術，實驗室的報告意味着我處於癌症邊緣。唯一一位在賴特帕特森空軍基地的腫瘤科醫生，也已離開空軍轉為私人執業，迫使我在哥倫布另找醫生繼續進行治療。在等待腫瘤科醫生之際，有人打開門，看着我，翻着他手上的文件。「你就是 Angie？」那人還在看文件。「是的。」我回答。最後，他終於抬起頭。「對不起。」他帶點歉意。「我以為我進錯房間。」「不要緊！很多人告訴我，我並不是典型子宮內膜癌症病人。」

我們開始討論身體檢查報告，及了解我的病歷。報告反映我的身體情況正逐漸好轉，但這位新的腫瘤醫生卻不認同，他仍建議我進行手術治療。「手術是最有效的方法移除癌細胞。這是一個典型的治療方法。」我可以提醒他我並不是典型病人嗎？既然我不是典型病人，為什麼醫生總是給我一般的答案？我冷靜下來，問他：「你覺得用飲食治療癌症可行嗎？」他卻說：「我不認為會有所幫助。」他的反應令我對他毫無好感，自此我再沒到診所覆診。其實，我已經開始沒吃醫生指示的荷爾蒙治療的藥物。我知道，除了自己，沒人可以幫我。

這是一場非比尋常的戰鬥，我一定要親自督師抗戰。

Nothing will benefit health and increase chances for survival of life on earth as much as the evolution to a vegetarian diet.

-Albert Einstein (1879-1955)

最後戰鬥

我繼續自己的「治療」方案，堅持吃素，盡量保持心境開朗。九月，是我的第三次刮宮手術，由我的第三個空軍腫瘤科醫生負責。一週後，他打電話告訴我：「對不起，這次的報告我們要花長一點時間準備。我們打算郵遞細胞樣本到 Mayo Clinic，讓專家進行鑑證。」這一刻，我有點不知所措。

「明白了，謝謝你。」喃喃自語後，我掛了電話 。

難道我的身體狀況起了變化？這真是一個令人擔憂的電話。忐忑不安了一週後，醫生的電話終於來了。

「好消息！你的報告回來了。一切都很正常，連子宮內膜增生都沒有，相當神奇。」在電話的另一端，我呆了一呆。「啊！ 那麼，我的癌症是否痊癒了？」「是的！但不要過份高興，因為要把癌症斬草除根，你最終需要切除子宮……」醫生的老習慣又來了。我對他的解說完全聽不入耳。我很想尖叫，但我不能。這次不是因為恐懼，而是因為感到喜悅、希望和感恩。

「三個月後再回來檢查。」除了關於檢查的那一句，我幾乎什麼都聽不到。那刻的喜悅非文字可以形容。有癌症的時候不想做手術，沒癌症了，還說什麼手術。我只是和他說了兩個字我就掛斷電話了 —— bye bye ！

曙光的一天

最後一次回醫院，只是取回化驗報告，從此以後，我不打算因此事再踏進手術室或做任何檢查，雖然醫生千叮萬囑我回去接受定期檢查，以確保癌細胞不再存在。真的有此必要嗎？我得到癌症的時候，症狀非常明顯。如果那次恐怖飛機事件不再重現，那麼我應該沒事了吧？嗯嗯，還是不用了。

和其他癌症病人比較起來，我是一個非常幸運的案例。我不需要承受手術的風險，也沒經過化療的煎熬，卻選擇一個比較另類和冷門的食療方法，但畢竟在這個治療過程中，無論在精神和肉體上，接受醫生檢查都是一個痛苦的經歷。每次刮宮手術都需要全身麻醉，醒來後總覺得記憶力差了點、戰鬥力弱了點。以前在診所檢查，雖不用麻醉，但也覺得渾身不自然、不舒服，不知我是感情豐富還是膽小如鼠，每次都會哭，所以醫生對我來說，就如小孩對拿着藤條的媽媽一樣， 敬而遠之。

七年後的今天，父親說如果我決定寫一本抗癌經歷和推廣素食主義的書，若癌症未能証實已完全康復，根本沒有說服力。他的話有如當頭棒喝，長輩永遠看得深遠、通透。因此，2014年我做了一個完整的全身和婦科檢查，這也是癌症痊癒後的第一個檢查。化驗報告證明我非常健康，而且一點癌症的跡象也沒有。

曙光是美麗的，希望是動力的所在。

孫子兵法

據美國婦產科醫師學會指出，大約 75% 患有子宮癌的女士都屬於初期，經切除子宮手術後，當中 85% 至 90% 的人得到康復，並在五年或以上沒有復發跡象。因此，在早期發現子宮癌而又得到治療的人，前景是樂觀的。

他們所說的是傳統治療的效果。不過，我個人覺得非傳統治療的效果也同樣樂觀、理想。就如現代醫學之父希波克拉底所說的「食療主義」宣言：「讓食物成為你的藥物，而不要讓藥物成為你的食物。」純素和健康的生活方式幫我徹底地治好癌症；我沒有做手術，也沒有做化療。我不是說病了就一定不用看醫生，我是說手術和藥物並不是唯一的治療方法。

再說，施行手術後而不改變致病的根源，復發的機會還是偏高。比方說，一個病人的心臟血管阻塞或變窄，需要接受冠狀動脈心導管手術，俗稱「通波仔」。手術非常成功，但若他出院後繼續每天吃漢堡包、喝奶昔，他心臟的血管很快又會阻塞。惡性循環，是自然定律，不是一般人可以改變，正所謂：「今天不養生，明天養醫生」。

很多人知道我的故事或來聽講座的人，經常問有什麼元素令我這樣有信心只靠食物治療癌症。大部分都是女生，大部分的懊惱都是一樣——她們說服不了醫生和家人。我通常只說一句話~~「身體是你的，健康也是你的，為什麼要得到別人的認同呢？」

不是每一種病都可以靠素食來逆轉，但慢性病例如癌症、糖尿病、膽固醇過高等的例子並不少。醫生的立場、家人的看法和每一個人對健康的態度都不一樣，只有你自己才知道什麼是對你最好的。決定了就向着那個目標前進，把周圍的干擾盡量控制，最重要是抱着一個正面的心態，相信自己一定可以戰勝困難。

我需要重申說一次，素食不是萬能。

吃素也不一定是健康——吃薯條、喝汽水也算是吃素，但當然不是健康的吃素之道，所以要看吃什麼、怎麼吃。如果懂得方法吃健康的，譬如低脂、高纖、無添加、全食物的純素飲食為主，逆轉慢性病的機會相對提高。另一方面，需要如我編導的微電影《新起點》所提倡的，配合運動、休息、環境、水分、陽光、心態等。若沒有經驗利用純素飲食或自然療法的，最好先找專業人士指導。

我一直與既看不到、也感覺不來的怪物搏鬥，但它對我精神和身體上造成了嚴重的傷害。幸好，我在美國遇到兩位樂於助人的純素者與我分享素食的奇妙。今天我覺得獲得的比失去多，有時候我們沒有失去過，就不會珍惜、學習。年輕人總是懷着一個僥倖的心理，覺得青春是萬能，今天有酒今天醉。如果我不是曾經失去健康和自由，我是絕對不會學習植物方面的營養和養生之道。

直到今天，我仍然不知道為什麼會被癌症選中。有些癌症專家說癌細胞潛伏在每個人的身體內，只是等待機會爆發。這攻擊可能由於不良的飲食習慣及生活方式影響，如吸煙、環境污染和壓力。我那時住在不到三萬人的新墨西哥州小鎮，空氣清新，生活悠閒，不吸煙、不喝酒，也不是遺傳，那麼唯一的合理推斷就是我的飲食習慣。搬到美國後，我入鄉隨俗，吃的開懷、喝的放縱——我的病是吃出來的。

對某些人來說，能夠不施行手術在半年內治好癌症似乎是奇蹟，但對我來說，這卻是一場漫長的戰鬥，需要不停地學習純素食物的營養，又要獲取家人和朋友的體諒及支持，以及放棄以往習慣了和「上癮」的食物。

癌症，改變了我對生活的態度及人生哲學，也令我知道誰是患難之交和真正關心自己的家人。這兩年發生的事，加上累積下來的問題，讓我知道這段婚姻不適合我，也不應強求。現在我是單身一族，生活簡單，卻活得開心、活得精彩。

這八年由癌症所得到的訓練，成就了今天的我。它是我的敵人，但也是我的朋友；它令我學會了很多世界上我從來不會接觸的事情。每件事情發生都有它背後的原因，凡事從好的方向去看，到處都有機會及生機。

正如《孫子兵法》中寫道：「知己知彼，百戰百勝。」

我憑雙手打敗了這無形怪物。不論是大如天空，或是微小如細胞的障礙，只要你懷着堅定的意志和態度，成功不只是夢。

希望無處不在，永遠不要放棄。

純素。冷知識

很多人對純素一知半解，以為吃蛋奶素也是純素，此章節為你提供邁進純素的知識，分享我多年以來的純素經驗。

純素與蛋奶素之分別：

純素 (vegan)

～ 是一種生活方式和道德觀，對生命、萬物的一種態度和尊重。

～ 不吃肉類、海鮮、蛋和動物奶類。

～ 不使用動物製成品，例如皮鞋、皮草。

～ 不支持動物測試。

～ 不贊成動物被虐待，囚禁於非自然生態和視動物為打獵、娛樂對象。

蛋奶素 (vegetarian)

～ 是一種飲食方式。

～ 不吃肉類、海鮮。

*五辛（如蒜、葱、韭等）可以進食，跟佛教不一樣。

純素十大好處

純素飲食和其生活方式的資訊、研究包羅萬有，只要在網上、圖書館或書店裏搜搜就可找到，我也不想囉囉唆唆，但想總結一下除了醫治癌症和養生保健外，為什麼要吃純素。

No.1 逆轉慢性病

之前提及，多年前在美國一個紀錄片播映會認識兩位純素食者，其中一位穿上黑色的短袖上衣，胸前印有一個很大的英文字「vegan」，下面印有英語字句「全素食——同情心、非暴力、為人類、為地球、為動物」。她們推薦了一本美國暢銷書《The China Study》，叮囑我細心閱讀，這本書也被翻譯成中文版——《救命飲食》。

《救命飲食》是康奈爾大學、牛津大學及中國預防醫學科學院合作，研究中國及台灣的農村疾病和生活方式的關係，從70年代開始為期20年。此研究得出8,000多個統計學上具意義的數據，說明某些疾病和飲食有密切關係。動物性蛋白質可引起高膽固醇及高血管硬化的風險、癌症、骨質疏鬆症、腦退化症及膽結石等。食物可以是良藥，也可以是慢性毒藥。換句話說，很多慢性疾病是吃出來的。2015年10月，世界衞生組織發表提到進食加工肉類如煙肉、香腸及火腿，可能增加患癌的風險，香港和海外傳媒也不斷報道這題材。其實，這也不是什麼新鮮的資訊，只是世衞再提醒大家而已。

多個科學研究也證實肉類、海鮮等並非最健康的食物，因包含了飽和脂肪、膽固醇、致癌物質等。某些慢性疾病如癌症、糖尿病、高血脂、高血壓、心血管病、肥胖等都有機會以純素飲食和運動等逆轉或預防，而且有些患了重病才被宰殺的動物，更可能帶有癆病細菌或毒瘤細胞。只要均衡飲食，植物性食物（如蔬菜、水果、豆類、堅果、全

The Gods created certain kinds of beings to replenish our bodies;
they are the trees and the plants and the seeds.
-Plato (428 BC-348 BC)

麥麵包、糙米等）已可供應身體所需的營養，均衡飲食包括每天進食適合個人需要和體質的食物熱能，而總熱量在蛋白質、脂肪和碳水化合物有適當的分配；多吃水果蔬菜攝取維生素、酵素、礦物質和纖維。

純素Q&A

我曾聽說健康飲食可以預防癌症，但不是逆轉癌症，你好像有點誤導成分？

科學和研究每天都在改變，我和大家分享的是我自己的經驗和現今人類的知識，希望大家抱着開放的心態，瞭解這個另類卻已有科學根據，以及令不少人受益的治癌和慢性病的自然療法。好消息是在世界各地確實有不同的成功案例是採用自然療法，而沒有以傳統方式逆轉癌症，我不是說不用看醫生，但治療方法不只一個，而且每個人的情況都不一樣，那為什麼我們要跟着別人走？當然，最後都是病人自己選擇及決定採用什麼治療方案。

No.2 尊重生命

吃素，有助身體健康人所皆知，但當時我對「為地球、為動物」的概念卻一知半解。這幾年，我看了很多紀錄片，並在動物養殖場偷拍的片段，我慢慢地了解動物養殖場存在虐待動物及污染環境的弊處，而最終直接或間接影響人類的健康。在美國大部分用作肉食、奶品或蛋類的牲口都採用工廠式養殖方法，設施不能談得上道德及衛生。動物很多時擠在一起，缺乏活動空間，醫療照顧不足，而且被活生生地屠宰。如果你曾到香港或國內販賣活雞的市場，你會明白我的意思。

牛奶和雞蛋表面上不存在以上的問題，但背後又是另一個故事。奶牛被關起來不斷懷孕提供牛奶給人類，但小牛因沒有經濟價值即時被殺。母雞的命運亦大同小異，每隻被迫產蛋的母雞只能在小於平板電腦的空間上生存，因籠裏缺乏活動空間，為免牠們暴躁而打架、傷害對方，嘴巴的頂尖部分會被剪去。當雞蛋產量下降時，母雞會被屠宰成低檔雞肉產品。公雞不能生蛋，一出生就被放進垃圾袋活生生的扔掉。動物承受的荷爾蒙及各種藥物，以及被屠宰時產生的激素也不知不覺地滲入牛奶、雞蛋和肉食。

以上牛和雞的遭遇，可見兒童書籍和產品廣告上「到處開心跑着的雞和牛」是有一點誤導，其實有很多動物和家禽也受到不人道的待遇。音樂巨人 Paul McCartney 曾說：「if slaughterhouses had glass walls, everyone would be a vegetarian.」他意思是說如果你看到屠場是怎麼運作，動物是怎樣被宰殺，每個人都可能轉而吃素。剛已故的音樂人 Prince 也是純素食者，他的歌曲 Animal Kingdom 瘋魔一時，有助推動素食文化到另一層次。

我正是看了一套網上免費播放的美國紀錄片《Earthlings》後，改變了我對動物和肉食的態度——餐桌上的牛排或雞腿不只是一塊食物。純素除了醫治我的癌症，我覺得也有責任減少人類對動物的痛楚和傷害。在動物養殖場、動物園、馬戲團、實驗室或其他地方偷拍的片段，會感到十分驚嚇。我看了預告片後，足足等了三個月才拿出勇氣看這套紀錄片，我的勇氣只容許我在床上蓋着被子在電話的小小屏幕上看。一邊看，心一邊在疼，觀看過程中，哭得眼睛都紅了。從此以後，我加快速度改變自己的生活方式和飲食習慣。

《Earthlings》的畫面經常在我腦海浮現，這幾年也看了其他令人震驚、大開眼界的紀錄片，例如《The Cove》、《Food Inc》、《Forks Over Knives》、《Healing Cancer》、《Cowspiracy》、《Racing Extinction》、《Planeat》、《Vegucated》。愈看愈覺得每種動物都很有靈性，而我亦開始質疑人類對生命的尊重，並且深深體會到食物對我們身心的影響，「you are what you eat」（人如其食），這句説話慢慢成為我的座右銘。

曾經有人提問，為什麼人們老是愛貓狗，卻虐待雞、豬、羊、牛？回心一想，人類是有點偏袒的。那什麼愛護動物協會或愛護動物的人其實只愛寵物，談不上愛動物。如果你是真的愛動物，那就什麼動物都不會傷害，也更沒可能吃掉牠們。試問我們憑什麼決定那些動物該殺、那些動物該被愛？我們知道豬和狗同樣有感情，也同樣感到痛楚；豬比狗還要聰明，那為什麼我們覺得吃豬殺雞是正常，但吃狗殺海豚就要罵人不對，示威反對呢？

後來，我看了一本書名為《Why Do We Love Dogs, Eat Pigs and Wear Cows》，作者兼心理學家 Melanie Joy 解釋了這個現象——「carnism」，這是一個信念，覺得我們吃某種動物是正常和「人道」。Carnists 吃肉不是因他們需要肉類生存，只是他們選擇這樣做，是跟信念有關的。愛吃肉的人一般採取不聽、不聞的態度，把盤子上的牛排看成是食品，而不思考它的由來和過程，這樣才吃得心安理得。知道真相後，就好像 Paul McCartney 所説，每個人都可能會轉而吃素。這本書詳細的解釋了這個概念，所以我不在這裏多説了。

飲食習慣是一種選擇、慣性和心癮，不是需要性。有時候值得我們想想，是否為了幾十秒的口慾快感，而犧牲動物的生命和增加自己生病的危機？就算你覺得這是弱肉強食的定律，但若相信這世界有神鬼和輪迴的存在，那你就當是積積陰德，盡量不殺生吧！

No.3 減少地球污染

為了自己和家人的健康而吃素的亞洲人比較多，在我的外地朋友當中，為了動物或環保吃素的人並不少。聯合國曾發表報告指出，飼養牛隻比駕駛汽車產生更多溫室氣體。世界衛生組織指出，糧食生產是全球氣體排放的一個主要因素，減少全球動物製品的消耗（包括肉類和奶類食物），可減少由動物產生的二氧化碳和甲烷。以全球計算，所有牛隻每天發放 1,500 億加侖甲烷，而甲烷比二氧化碳對地球更有害。

除了對環境的破壞，將地球農作物餵飼給豬牛羊雞，然後變成我們的食物，生產農作物和當中的過程需要投放很多寶貴的資源，例如燃油、水、電等，而這些資源本可以更有效地分配給有需要的民眾。我們需要 16 磅穀物製造一磅牛肉；但 16 磅穀物可以餵飽 10 個人，那一磅牛肉可以養活多少人呢？1/3 個人而已，這是一個值得思考的話題。

根據康內爾大學的生態學家 David Pimentel 所述，生產同等數量的動物蛋白質，需要比生產相等的植物蛋白多用八倍的化石燃料。World Watch Institute 有一個很好的比喻：放棄一個漢堡飽，就如省下用低流量花灑洗澡 40 次的水。你或許有聽過生產一磅牛肉平均需要 2,500 加侖水；一加侖牛奶需要 1,000 加侖水；一加侖豆奶則只需 50 加侖水。放棄一個漢堡飽和牛奶可節省很多水，非常環保。以前不知道就沒辦法，知道了就不可一成不變。

You may never know what results come from your action.
But if you do nothing, there will be no results.
-Gandhi (1869-1948)

我認為首先要「修身」、「齊家」，後談「治國」或環保，自己也照顧不了，談不上照顧其他人或大自然。當然這不等於可以隨便放縱，應該盡力循環再用身邊的物品，愛護樹木，少喝瓶裝飲品，少用塑膠袋等。吃素的好處多不勝數，其中之一的副產品就是環保，毋須太刻意的意識環保，無形之中已經達到效果，一石幾鳥，素食是一個非常宏觀的議題。

吃素還是不夠，吃純素才是比較徹底的健康、環保飲食方式。那件T恤總結了為什麼全素主義是多麼重要，我用了半生才明瞭動物從養殖場到成為餐桌上的食物流程。大家都是地球的租客，每個人都有義務為自己的健康及地球上的其他生命出一點綿力。

很難忍口呀！真的太好吃，吃肉有什麼問題？

為了一時的快感而令動物被殺和環境污染，站在宗教或人道立場上都說不通。其實，人類有很多食物可以代替，而且不吃動物製品可以活得健康開心，應該說是「更」健康開心。

No.4 減肥塑身

愛健康、愛動物和愛地球是三大吃純素的主要原因，但也有其他另類的解釋。減肥是蠻常見的，因為純素食物的卡路里相對較低，成功減磅後維持身形的機會率也高。此外，也有很多吃純素的人想趕走小肚腩，蔬菜水果的卡路里比較低之外，也容易被消化。當然也有喝汽水、吃快餐、零食不離手的肥胖吃素者，但一般來説，精明的純素飲食再配合運動，是一個很有效的燒脂塑身方法。只要避免不健康的高糖分飲品、動物性產品、油炸物、甜品和精製食品等，每星期做適當的有氧和阻力運動，加上學習消化系統的常識和掌握卡路里的收支與平衡，自然瘦身和擁有苗條的身形一點也不難。

No.5 改善皮膚

女性朋友吃純素最流行的原因，除了減肥外，就是改善皮膚。進食有豐富維他命B、C、E等蔬菜、水果、堅果和全穀食物，能增加抗氧化劑的攝入，而抗氧化劑可中和造成皺紋、褐斑和其他導致老化跡象的自由基。我有幾個朋友長期給臉上的痘痘困擾，吃了純素之後，皮膚變得光滑且有光澤。其中一個例子是我的紀錄片《Beyond 24》的製片人黃清媚，她在鏡頭前分享了看西醫和中醫後沒法把臉上的痘痘醫好，後來跟姐姐吃純素後，痘痘卻不翼而飛。

No.6 加強消化功能

消化功能好與壞存在着很多因素，譬如心理狀態、食物種類、進食方法、運動量等。從食物角度而言，進食蔬菜、水果及豆類，能增加攝入膳食纖維，幫助改善總體的消化功能，減少便秘，這個吃純素的原因也很常見。今年初，拍攝V Girls Club第19集時訪問了一位純素媽媽，她以前每隔三、四天才排毒一次，吃素後每天順暢無阻。最近，我和一位中年男士交流，他患有糖尿病和癌症，由於想學習吃素，所以找我面談，他也是每三天才排毒一次，以前依賴洗腸排毒，但覺得非長遠之計。現今的都市人有很多由都市帶來的疾病——飲食不當、缺乏運動，吃純素可改善這些問題。

No.7 增加吸引力

對健康、動物、環保或減肥沒興趣的人，不打緊，這個原因應該讓你醒過來。2006 年在《Chemical Senses》發表的一項研究顯示，素食讓異性覺得你的氣味更有吸引力、令人更愉悅，進食紅肉卻有相反的效果。此外，開心的人永遠也較有吸引力，在 2012 年《Nutrition Journal》一份文獻所述，不吃肉的人比吃肉的人壓力較少和開心，研究人員認為吃肉者體內含高量的 Arachidonic Acid（AA），影響他們的情緒，加上身體健康、皮膚光滑、身形標準等，這個原因並不難想象。

No.8 提升能量

蔬菜、水果含豐富碳水化合物，容易消化，是我們能量消耗的最主要來源，而素食的蛋白質含量也不低於肉類，多吃沒煮過的綠葉和其他蔬菜、水果，讓你感覺精力更充沛。膳食硝酸鹽對血管健康很有益處，能擴張血管、降低血壓，甚至提高運動能力。女性應當控制總熱量攝入，減少攝取太多壞脂肪，少吃油炸食品，若壞脂肪攝入過多，容易導致脂質過氧化物增加，使耐力降低。

聽說吃素會變瘦，但我的體重沒下降，為甚麼？

原因可以有很多，一般而言第一，肌肉多了，密度比脂肪高，所以體重一樣。第二，運動強度可能不夠。第三，若碳水化合物吃得不夠，也會影響燒脂。如果初期減了磅，可能只是去掉宿便和水腫，而且一個人的健康不可只用體重來衡量，胖與不胖，體脂百分比才是比較好的尺度。瘦與胖取決於攝取食物和消耗的熱量。

No.9 回復青春

吃素能回復青春，聽起來好像有點荒謬，但如你能放開世俗眼光，想想年齡只是一個數字，那你讀下去就會覺得容易理解。

Karyn Calabrese 是一個很好的例子，她年近七十歲，在 2015 年生日當天在網上發佈了一張比堅尼照片，轟動一時。一直以來，她看起來都比較年輕，但那張照片的她身形苗條、看來只像四十多歲。Annette Larkins 也如是，她已是七十多歲，皮膚和身形卻很漂亮，看起來只像四十歲的中年婦人，她們兩人都是吃生的純素者。在我身邊也有不少例子，包括第三章內提到的朋友看起來比真實年齡輕，人吃得輕盈和活得健康開心，看起來也比較年輕，其實也不需多加解釋。這年來我和其他素食者交流，替很多跟我做運動的學生進行人體成分分析和體能測試，以數據了解學生的身體情況，以及設計他們的運動計劃，我發現以素食加上運動是凍齡的最好方法。一般吃素兼有恆常運動的人，其代謝年齡比真實年齡少十多歲，看起來也比同齡的人年輕得多。

No.10 減少繁瑣家務

説到最惹笑的，是我一個朋友説他不喜歡做家務、洗碗，所以決定吃純素，世界之大無奇不有。吃純素一般不油膩，所以吃完飯後，只要把盤子隨便用水略沖就行了。另外，買菜做飯也變得簡單了，唯一需要經常去的就是售賣新鮮水果、蔬菜的地方。一切從簡，人也輕鬆了。

吃純素的原因還有很多，於第三章世界各地營男素女的訪問內，你可找到更多有趣的故事和啓發性。

要健康的話吃素就可以，不是嗎？

很多人一提到健康或素食，就只顧吃什麼調理身體或分享一大堆食物照片。營養確實是一個關鍵，我也因為遠離了肉類、海鮮、雞蛋和牛奶，配合適當的飲食、運動和心態逆轉了我的癌症。可是，我們給食物的地位太高了，其實人是因為存活而吃，並不是因吃而存活。很多人忽略了運動、休息、水、陽光、空氣等因素配合，以為吃素就等於健康，等於可以治病。

我身為健身教練，不時與我鍛煉的學生解釋運動才可增強免疫系統，增加血液循環，防止肌肉和骨骼退化。多喝水可以排毒、避免發炎及生病，並非待口渴時才喝水，建議有規律及按時飲水。我將很多健康元素投放在微電影《新起點》內，希望大家領會得到，並建立良好的生活習慣才是健康之源。

由蛋奶素至純素的飲食經驗

從蛋奶素過渡至純素的過程，對某些人來說困難重重；但對某些人來說卻易如反掌，重點不在於食物的喜好，而是如何調整心態和教育自己。有些人說因喜歡麵包、糕點、雞蛋、芝士，在外很難找到純素的美食，又或因家人朋友不是吃純素，這些都只是給自己的藉口，大家都知道事在人為。想做的，多難也沒問題；不想做的，藉口一大堆。

那時候，我得到這個吃素可治病的公開秘密後，立刻決定吃素治癌，後來在短短數星期內有幸得到不同的知識，認知吃純素才是一個對得住自己和他人的生活方式。我的純素營養師 Dr. Pam Popper 的一句話和紀錄片《Earthlings》是一個關鍵，她說：「If you want big results, then you need to make big changes」。聽起來很有道理，慢慢改變，效果也只會慢慢才出現，要有明顯的效用，需要跨出一大步。後來看了《Earthlings》紀錄片，發覺真的沒有理由不吃純素，實在過不了自己的良心。

有興趣嘗試從蛋奶素過渡至純素的朋友，找一個原因或目標令自己信服和支持下去。你的可能跟我一樣，是保命或治病，但不想做手術。其他人的原因可能是愛護動物；不想給人感到講一套、做一套。上面提到吃素的十大好處，找一個最有共鳴的原因，經常提醒自己為甚麼選擇這個生活模式，不要因環境或身邊的朋友左右自己的決定。

麵包糕點這些高糖分易上癮的食物，很少人會拒絕，為什麼有人可以決定終身與這些美食絕緣？第一，我們並沒有跟美食絕緣，吃得還是很好，心態調整和正確資訊是很重要的一環。現在本地和國外有很多代替品，讓蛋奶素食者和肉食者過渡，純素版本的雞蛋、芝士、雪糕、麵包、甜品數不勝數，下一章會和大家分享。

第二，身邊的家人朋友不是吃素那又如何？我們每個人都有不同的喜好和習慣，難道爸媽不喜歡運動，你就不運動嗎？姐妹不愛化妝，你也不敢打扮？不會吧！他們不吃純素，你大可主動地親自下廚，或帶他們體驗一下現今素食是多美味和吸引。另外，近朱者赤，你自自然然也會認識一班新的素友，當你的朋友圈子不一樣時，過渡成為純素者也不經不覺地實現了。心態最重要，這是第一步。如果開始時走得不對，往後的路會覺得很難走，保持正能量，堅持自己的理念是成功的要訣。

純素Q&A 你說的純素生活好像很難，幹嘛要這麼勞心勞力？

健康的身心不是偶然的，需要投入時間、知識和規律，而且賦予行動和堅持。聽起來好像是很艱鉅的挑戰，但沒有健康的話，工作不能專注，旅行提不起勁，家人照顧不了，反而給他們加添壓力和負擔，就算有財富，生活的質素也大大減低，所以健康是大前提，是我們人生中最重要的投資。

來自植物的超能量

「你既不吃肉，亦不吃海鮮，連牛奶、雞蛋都説不吃，那麼你從那裏攝取蛋白質？」

無論在美國或香港，總有朋友提出這個問題，他們也對我的體力感到驚訝。以前身兼兩職——星期一至星期五當酒店及餐飲集團的公關總監；晚上和休假時拍攝電影、做舞台劇。我每天工作10至15小時，走遍全市攝影或錄影、開會，以及每星期參與四至五場宣傳活動。工作以外，我的私人生活也多姿多彩，每星期四、五次運動，有普拉提（Pilates）、跑步和健身，在健身房主要訓練阻力運動，所以運動量比一般香港女性高。另外，我每個月為香港的雜誌撰寫健康專欄，有時也替時尚雜誌或報章撰寫特別的純素文章，我的體力全來自植物。

坦白説，很多人並不知道植物含有很多蛋白質及其他豐富的營養，除了豆腐及豆奶外，你可從菠菜、黃豆、藜麥、西蘭花、薯仔、花生醬、青豆、小扁豆、全麥意粉、全麥麵包等攝取蛋白質。大多數人認為只有魚類才含有奧米加3，實際上亞麻籽同樣含有豐富的奧米加。除了維生素B_{12}較難吸取外，幾乎全部動物性食物能提供的營養，植物性食物也毫不遜色，例如維生素A可由金黃色的瓜、水果（如紅蘿蔔、木瓜等）攝取；鈣質不一定在牛奶才能找到，豆類、西蘭花、芥蘭、白菜、杏仁、芝麻等植物均含豐富鈣質。每天讓皮膚接觸陽光15分鐘，有助身體產生維生素D；我們並不需要太多維生素B_{12}，每天的建議份量是2.4mcg，只需隔幾天補充一下就可以了，也可以吃一點營養酵母、強化的豆奶或含B_{12}的營養麥片等。

其實，我們身體並不需要太多蛋白質，相反過量動物性蛋白質對身體反而有害，太多蛋白質令人體攝取過量的氮，對腎臟做成負擔。在1997年，世界癌症研究基金會和美國癌症研究所的報告指出，含肉類的高蛋白飲食與某類型癌症有密切的關係，例如脂肪、蛋白質和缺乏纖維素會增加結腸癌的風險。骨質疏鬆症和腎結石的風險，在低蛋

白質飲食國家的發生率較低。美國政府建議每天應從蛋白質攝取9至10%熱量，但美國康奈爾大學的健康及營養科研究者 Colin Campbell 博士在他的著作《救命飲食》（The China Study）中指出，實際上我們每天只需要5至6%熱量，9至10%的說法只是一種保險的建議。不幸地，大部分的快餐文化國家（如美國及中國），人們都超出此建議量，而且大多是來自動物性蛋白質。

每個人的體質和身體狀況都不一樣，但一般來說素食是適合不同年齡的人士，包括懷孕、餵養母乳的母親和幼童，我也認識多位健身的素食朋友，所以素食不單是嬉皮士或佛教徒的專利，我們自小熟悉的食物金字塔也需時重新理解及學習。我茹素已多年，但每天仍要學習新的東西，要活力充沛，活得更如意、更健康，應先從食物入手。有些疾病單靠運動是沒有幫助的，跑步跑不走、游泳也游不去，只有改變飲食習慣才可以改善。

純素Q&A 別人說我瘦是因為吃素不夠蛋白質，是嗎？

肌肉需要鍛煉及強化，跟吃素沒關係，蔬菜、水果、豆類及五穀含有充裕的蛋白質，問題是一般人吃素後熱量攝取不足，所以要多吸取碳水化合物，也需多做適當的阻力運動。蔬菜水果的卡路里一向偏低，如果吃得不夠，是有機會瘦下來的。

肉食至純素的代替食物

肉類、海鮮：

其實，愛吃肉的人是喜歡肉的口感、烹調方法和調味料，而非豬或雞本身。試想一下，若給你一塊沒烹調的豬肉或雞肉，你會覺得好吃嗎？我敢打賭你該不想有禽流感或寄生蟲。在素食超市或大型超市（如 citysuper 等），有很多素肉的口感幾可亂真，購買前看清楚食物標籤上有否肉類製品、奶製品或雞蛋。我曾在一個廣東省東華寺內的小賣部，發現素肉排含牛肉汁和食品添加劑。供應商無良之際，流通處（負責購貨的人）也一時大意，所以買東西時定要看食物標籤。

有些食材（如牛蒡、猴頭菇、蒟蒻等），經過適當的烹調能提供與肉類相似的口感，在過渡期間也是一個不錯的選擇。豆製品、堅果和蔬菜都是提供蛋白質和其他營養的健康來源。不吃肉、海鮮，不代表要放棄平常愛吃的食物，薄餅、意大利粉、焗批、煲仔飯、餃子、廣東點心等，都有很多純素版本的選擇。

[國內的素食點心。]

雞蛋：

做麵包不需使用雞蛋；焗蛋糕也不一定用雞蛋，亞麻籽、奇異籽、香蕉、蘋果醬、Egg Replacer 等都可以代替。沒時間自己做，可到九龍灣「愛家純素餐廳」，他們的純素蛋糕和芝士撻美味可口，價錢比一般的餐廳還便宜，隔壁更有一家全港唯一的純素麵包店，每天用有機麵粉烘焙新鮮麵包、曲奇餅、鬆餅和蛋糕。荃灣的「寶田源純素餐廳」也有烘焙師傅焗製蛋糕和沒雞蛋的蛋撻，筆者極力推介。

如果你想吃個炒蛋早餐？豆腐和黃薑粉可以搖身變為炒蛋，美國 Follow Your Heart 最近有一款新產品——Vegan Egg，利用海藻等製成，雖然煮食過程比一般雞蛋需時長一點，但零膽固醇，也可營造雞蛋的模樣及口感。若想吃荷包蛋也有辦法，而且比真的雞蛋更有營養，聽說供應商用綠豆、黃豆、紅蘿蔔、南瓜和腐皮做成。灣仔「愛家純素餐廳」於公司三文治內加入純素荷包蛋；荃灣「寶田源純素餐廳」的純素荷包蛋是車仔麵的配料，配搭新鮮之餘，也令素食者可以懷緬一番。

[在芝加哥品嘗的黑豆漢堡。]

牛奶、芝士、牛油、雪糕：

比牛奶健康的代替品多的是，豆奶、杏仁奶、腰果奶、米奶等植物奶，可以自家製或在超市、有機店等購買。

純素芝士牌子（如Daiya、Sheese等）直接夾餅乾或做成薄餅、焗飯都可以。

牛油在citysuper有我最愛的Earth Balance Buttery Spread，比一般牛油更好吃。

雪糕有本地的Happy Cow，用椰子奶製成，含多種味道，在部分Market Place、citysuper和有機店有售。冰條有意大利的Stickhouse，果汁味的冰條大部分是純素，而且味道清甜，和水果的味道接近。另外某些餐廳也有自家製的純素雪糕，如寶田源純素餐廳和Cedele各分店。

吃純素不可喝牛奶，鈣質從哪裏來？

一般人每天只需要攝取400至500mg鈣質。一個橙大約含56mg鈣質；一個番薯70mg；一杯煮熟的羽衣甘藍乾（collard）358mg；一杯煮熟的西蘭花94mg；10個乾無花果269mg；半杯豆腐258mg；兩包即食麥片326mg，還要擔心鈣質攝取的問題嗎？

*參考網址：http://www.pcrm.org/health/health-topics/preventing-and-reversing-osteoporosis

在家必備的純素食材

很多人的櫥櫃裏可能有20多瓶調味料，或收藏了10多瓶醬汁在冰箱，但其實平日只用上幾樣。到超市也容易買多了，最後過期或腐爛了要丟掉。想學烹飪純素的人，可能毫無頭緒，不知道應該買那些食材才好。

在這裏我介紹幾款在家必備的簡單食材和調味料，在任何超市和街市都可買到，也可保留一段長時間，在往後的食譜我也會運用這些小幫手。

No.1 糙米

糙米是未經打磨的米粒，保留了胚芽，含豐富的碳水化合物、蛋白質、維他命和礦物質等，也是升糖指數比白米低的主食。另外，糙米是一種完整食物，較有飽肚感，用來煮粥、做飯、弄壽司、米漿等也較健康。

No.2 豆類

豆類的種類包羅萬有，價錢便宜，而且含豐富蛋白質和碳水化合物。大家不妨購買乾黃豆、眉豆、鷹嘴豆、紅豆、扁豆、紅腰豆等，既是做沙律和素漢堡包的食材，也是炮製豆奶、熱湯和甜品的好幫手。

No.3 堅果

堅果有豐富的蛋白質，但卻是高熱量的食物，我們每天都需要攝取適量的脂肪，果仁可以吃，但需要有節制地進食，尤其過於肥胖的人士。腰果、核桃和杏仁是很普遍的純素食材，可製作熱湯、汁醬、甜品和果昔等。

No.4 種子

種子和堅果的營養大同小異，所以不宜過量。個人比較喜歡亞麻籽和黑芝麻，亞麻籽含豐富奧米加3、蛋白質等，加進果昔和沙律進食非常方便。黑芝麻屬於高鈣食物，含鈣量比牛奶還高，弄成米漿美味之餘也可強筋活絡。

No.5 蔬菜

彩虹色飲食是一個理想的方向，最好是每餐有幾種不同顏色的蔬菜，這不單是營養的配搭，也希望家人知道吃素原來也很豐富、營養充足，不單單只吃綠色蔬菜。基本上，每種顏色都有它的好處和代表性營養：

紅色蔬菜——含茄紅素、花青素、多酚等，有促進心臟健康、降低癌症發生率、消除自由基、提升記憶力等作用。

橙或黃色蔬菜——含胡蘿蔔素、生物黃酮、葉黃素等，有降低癌症發生率和抗氧化的好處。

綠色蔬菜——有葉黃素、蘿蔔硫素、鉀質等，幫助強健骨骼及牙齒，降血壓和促進視覺健康。

藍或紫色蔬菜——所含的酚類化合物可提升記憶力，降低癌症發生率，促進尿道系統健康。

白或啡色蔬菜——當中的蒜素及硫化物，可增強人體的免疫力，促進心臟健康，降低癌症發生率，維持膽固醇指數正常等非常有效。

No.6 水果

以上提到的彩虹色飲食也可應用於水果上。進食五顏六色的水果，不偏食，也不過量吃同一種水果。如果突然想吃甜的，可以找個芒果、龍眼、蜜瓜等甜水果，代替添了白砂糖的加工中式糖水或蛋糕餅乾。

No.7 天然鹽

一般加工的食物都添加鹽分和添加劑，但自家用原材料烹調的話，海鹽或岩鹽是一種又簡單又便宜的天然調味料，除了增加食物的味道外，亦可帶出食物原有之味。食用鹽或餐桌鹽雖便宜，但一般使用化學方式人工製造，失去天然礦物質成分。

No.8 天然糖

來自一般食品製造商的食品和飲品，都帶有很多漂白精製糖分，而且名稱和形式層出不窮，例如果糖、麥芽糖、粟米糖漿等。天然食物本身已新鮮清甜，毋須加糖，但間中做甜品時添加原糖、楓葉糖漿、龍舌蘭糖漿或椰子糖，總比用白糖或冰糖對身體少一點負擔。

No.9 天然油

我主張無油煮食，建議用天然蔬食如豆腐、堅果、牛油果等攝取脂肪。一般香港人無油不歡，在這裏我介紹幾種比較健康的油脂——冷榨的亞麻籽油、特級初榨橄欖油或菜籽油都是不錯的選擇。

No.10 維生素 B_{12}

維生素 B_{12} 的說法有兩個門派，有人說海藻、紫菜、螺旋藻等食物含有維生素 B_{12}，但亦有說法和研究証明這些食物只是類似，非真正維生素可滿足人體需求。有些蔬菜的微生物和細菌含維生素 B_{12}，但只是蔬菜表面，例如附在蔬菜的泥土上，經過清洗後或泥土經過殺蟲劑處理後，維生素的存在和質量則令人存疑。所有人必需留意維生素 B_{12} 的補充，純素食者因植物性食物不是可靠的維生素 B_{12} 來源，建議備有維生素 B_{12} 強化食物或補充劑在家。

為什麼不可用油煮食？

第一，我在自然食物裏直接攝取脂肪，如堅果、種子、牛油果等。

第二，在街外吃飯一定攝取不少油分，所以在家我不想用油煮食。

第三，不適當用油是不健康的。我不時重複建議「低脂、高纖、全食物的純素飲食」。

油是加工提煉出來的，不飽和脂肪一經高溫煎、炒、炸，或接觸氧氣、曝曬紫外線，容易產生自由基，對肝臟或消化器官有不良的影響，容易引發老化、癌症等疾病。飽和油轉化成膽固醇，引致血脂過高、心血管病變，所以飽和油雖穩定，卻不符合健康原則。

全素者雖完全食用植物性油脂，較為健康，但需注意素食加工品及烹調方式，避免高溫烹調或用油過量。大多數人逐漸使用大豆油、橄欖油、葵花籽油等植物油，不過研究卻發現，植物油雖含不飽和脂肪酸，對人體較為健康；但缺點是容易氧化、不適宜長時間高溫烹調，業者為了提高植物油的穩定度及可塑性，將液態植物油以氫化方式加工處理，轉變為半固態形式，即為「氫化油」。

此時脂肪酸結構從原本的「順式」變成「反式」，「反式脂肪酸」會增加體內壞膽固醇（LDL）含量，並降低好膽固醇（HDL）的濃度，增加心血管疾病風險。

小帕十大純素食材

No.1 香蕉

沒時間吃飯的一刻；做運動前後補充體力；早餐做果昔；下午茶時間……香蕉都是大家的好朋友。香蕉含豐富鉀、纖維、維生素等，半條香蕉可代替一顆雞蛋做成糕點。基本上這款水果是萬能的，所以我甚至買了一個香蕉形的盒子，每天帶着傍身，肚餓時不怕在外面亂買東西吃！

No.2 番薯

番薯是另外一種營養高而攜帶方便的健康食材。有些人覺得吃番薯很土，但它是升糖指數比馬鈴薯低的主食，也是防癌好幫手，可以配搭製成沙律、糕點和小食。吃番薯很有飽肚感，所以我的運動袋裏除了香蕉外，也經常放有蒸或焗的番薯，教運動班忙碌的日子，需要補充能量的時候，番薯是一個不錯的選擇。

純素Q&A 吃素需要什麼補品嗎？

不需要什麼保健品，很多蔬菜水果本身就是鹼性的，也充滿能量和營養。除了維生素B_{12}，或攝取陽光不足之下偶然補充維生素D之外，一般純素的人毋須其他補品。

No.3 牛油果

有愛吃牛油果的人；也有不喜歡它的人。我是前者；我爸媽是後者。無油煮食的人，又或養生保健的人，會吃少量牛油果或堅果攝取脂肪。牛油果的用途很廣泛，可以用於沙律、捲餅、果昔、salsa 醬及三文治等。

No.4 番茄

番茄紅素是一種高抗氧化劑，有助預防心血管病、多種癌症和其他疾病，番茄無論生食或煮熟都含豐富番茄紅素。日常做成沙律、三文治、意大利粉汁醬、串燒等，都是易做又好吃的配搭。

No.5 莓類

草莓是紅色，傳說雖沒有番茄紅素，但也是高抗氧化劑、不甜膩、外觀好看的水果。另外，藍莓含有花青素，可幫助減低細胞的 DNA 損傷，個人喜歡用它做沙律、蔬果昔、糕點裝飾和黑朱古力 fondue。種植時農藥一般都較多，建議洗擦乾淨後才進食。

No.6 薑

中國人老是說吃沒煮熟的蔬菜、水果屬寒涼，對身體不好。西方醫生或營養師卻沒這一套，我們是避冷不避生。為了令擔憂的中國人舒服點，有時候我會在果汁加點薑。冬天的時候喝薑茶或其他薑味飲品，確實令身體暖和起來，而且薑絲炒菜也是不錯的配搭。

No.7 奇異籽

我個人認為一些最簡單、大眾化的食材，其實是最有益和最多變化的。最近香港大談有機食物和superfood，我也來湊湊熱鬧。奇異籽含豐富奧米加3、蛋白質等，是近年比較流行的食材，可以加添飲品或甜品進食。由於奇異籽加水後會脹大，以奇異籽做成布丁，比用有動物成分的明膠有益和環保。

No.8 藜麥

藜麥也是近年流行的健康食材，含豐富蛋白質，是米飯和意大利粉的上佳代替品。藜麥的價錢雖然比米飯及意粉貴，用它放在沙律或輕微灑在煮好的蔬菜上，也是一個配搭的好方法。

No.9 糙米意大利粉

有誰不喜歡吃意大利粉？這是我其中一款最愛。傳統的意大利麵可能混有雞蛋和大麥，不是純素，也可能有點難消化。最近市面上有糙米、紅米、黑米、藜麥等做成的意大利麵，健康之餘，也有不同的色澤，令菜式色香味俱全。

No.10 豆腐

豆腐種類繁多，而且價錢大眾化，中西合用，是我喜歡的其中一款食材。豆腐的用處多不勝數：蒸、炒、煎、焗、烤、水煮，鹹甜皆宜。用1/4杯軟豆腐可以代替一顆雞蛋做成糕點。

純素Q&A 蔬菜、水果等份量怎樣計算？

一般健康的人不用特別計算卡路里，你的碟子應該蔬菜、水果、豆類和全穀類各佔四分之一，全穀類可稍微多一點。

素食開門5件事

有些人認為烹調素食是一件很複雜的事，買什麼風乾機、榨汁機、慢磨機、雪糕機等，其實只需要幾款簡單的器材足夠製成很多不同的素食美食。

No.1 麵包機

市面上出售的麵包，食物標籤有說明加添了那些成分，我認為還是在家親手做的吃得較安心。而且，自家製的麵包可減少糖的份量，甚至用有機麵粉等，口感比外面的麵包更優勝。只需要將所有材料放進烘箱裏，發酵和搓揉的步驟自動化製作，毋須憂心，幾小時後香噴噴的麵包出爐了。

No.2 破壁機

可加熱的破壁機，或高速、高質量的攪拌機是一個最好的廚房投資。果汁、果昔、雪糕、濃湯、汁醬、米漿、豆奶或其他養生飲品都可一手包辦，我炮製的大部分食譜都利用破壁機調製，快的一分鐘，慢則10分鐘完成。破壁機除了使用方便外，也幫助釋放食物的營養，譬如亞麻籽需要磨碎後，才容易給人體吸收它的營養。

No.3 焗爐或多士焗爐

焗爐是外國人不可或缺的廚房用具，就像中國人不能沒有電飯煲一樣。香港地方狹窄，可能沒足夠地方放置嵌入式焗爐，但可購入小型的焗爐，對於烤焗或加熱都非常有用，你可以變為素營大廚，用新鮮和健康的食材製作薄餅、蛋糕、焗飯等美食。

No.4 電飯煲

基本上，每個中國人的家庭都備有電飯煲，可以安全、安心地煮米飯和粥，成為我們生活的一部分。

No.5 不黏底鍋

我提倡無油煮食，低膽固醇和健康之外，也毋須擔心家裏及衣服帶有一股油煙味，清洗起來也快捷妥當。一個質量好、不黏底的鍋頗為重要，適當使用及處理之下，一個鍋可以用上很多年，是很值得投資的。

購買純素食材小貼士

[含牛肉汁，並非真正素食食品，購買時要細閱。]

No.1 查看食物標籤

以我多次在香港和大陸的素食經驗，得出的結論是——不要相信標語，看起來天真的炸薯片；兒時開始飲用的豆奶；或素食牛肉乾等，都可能加添了雞粉或其他動物成分。如果不是吃純素的，對食材的意識和要求可能不會如此強烈。

No.2 網上購物

香港的素食貨品愈來愈多，但始終舖租昂貴，所以網購的價格較為優惠，貨品種類方面相對上也較豐富。以我的經驗，曾試過在美國iHerb網站購買貨品，郵寄至香港後比在港購買更便宜，着實有點無奈！

No.3 選擇無基因改造食品

目前，選擇有機貨品比較常見，購買外國牌子時可留意產品的粟米、大豆等是否沒有基因改造（non-GMO）。現時基因改造的食物對人體影響的研究還不是太全面，若可以避免的話就盡量試試吧！

No.4 看包裝到期日

買東西時看包裝上到期日好像是常識吧，但其實很多人都不懂看，覺得放在購物架上的就是安全。你又可知道，包裝上的「best before date」和「expiry date」的意思有點不一樣——「best before date」是建議日，日子過了後原則上也可安全食用；「expiry date」説明過了指定日期後，食品很有可能變壞或藥力減退。

No.5 做個多疑問的人

不懂就要問，找不到也要問。無論在店鋪裏、餐廳裏都應該抱着這種多疑問的態度。很多時候，我們總認為蔬菜湯沒有肉類，但大廚偏偏加些骨頭煮湯；一個看起來像蛋捲的零食，但原來從泰國寺廟得來，所以沒有含雞蛋成分。

純素食材巧妙搭配法

No.1 彩虹飲食

之前提及的彩虹飲食法，利用不同顏色的蔬菜、水果、五穀類等配搭，除了營養價值特高之外，也是色香味俱全的方法，看上去令人有喜悅感之外，也令人食欲大增，開懷大吃也完全零罪惡感。

No.2 幾可亂真法

有些人很抗拒素肉，因為覺得「齋口不齋心」。 每個人的改變方法和過渡期都不一樣，而且毋須天天吃，我個人覺得不用太拘泥此問題。有些本地、外國的豆製品或麩質品事實上幾可亂真，口感非常好，只要烹調時將雞肉換成素雞肉，或豬排換成素豬排，烹調素食一點都不用太費神。

No.3 移形換影

無論在家裏烹調也好，在餐廳吃飯也好，只要將自己喜歡的餸菜和調味料換了蔬菜水果或豆類就可以了，譬如咕嚕肉可變成咕嚕猴頭菇；乾炒牛河變成乾炒豆腐河；咖喱雞不加雞肉，改以五顏六色的蔬菜咖喱也美味無窮！

生食怎麼搭配？

生食的配搭跟熟食一樣。人體需要攝取碳水化合物、脂肪、蛋白質、維生素、礦物質等，所有營養素吃齊就可以了。

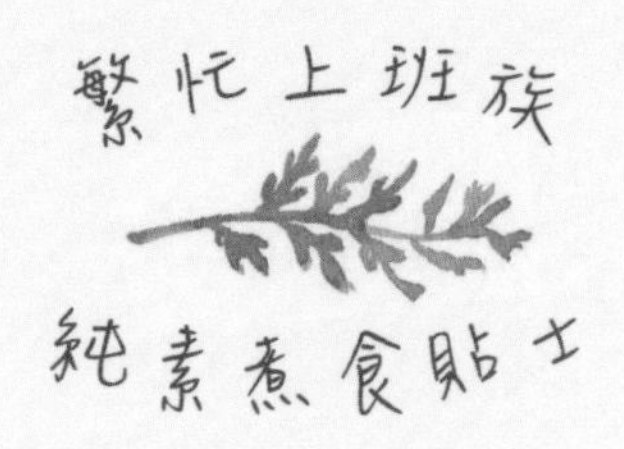

- 利用配有自動計時或多功能的電器，如電飯煲或破壁機，煮得輕鬆省時。
- 每次烹調份量多的蔬菜湯、意大利粉或咖喱蔬菜後，再分成一個人或兩個人的份量冷藏，下班後直接從冰格拿出來加熱進食，也可帶回辦公室做成午餐，快捷簡單，也符合環保生活。
- 和志同道合的朋友或家人輪流到果欄買菜，一家便宜兩家著。
- 在網上或素食書找十個簡單且喜歡的食譜，放在電話或手袋內，看到有新鮮的食材時，隨時拿食譜出來看看能否巧妙地搭配一下。
- 預先在素食店購買醬汁或即食包，例如沙茶醬或馬來西亞素羊肉，只需要再買一些豆腐、蔬菜等，加上醬汁和糙米成為一頓美味的晚餐。
- 在家裏預先弄一些彩虹沙律、糙米飯或冷蕎麥麵，放進玻璃瓶或膠盒內（沙律醬另外儲存），每天早上拿一份上班，就有美味午餐了。

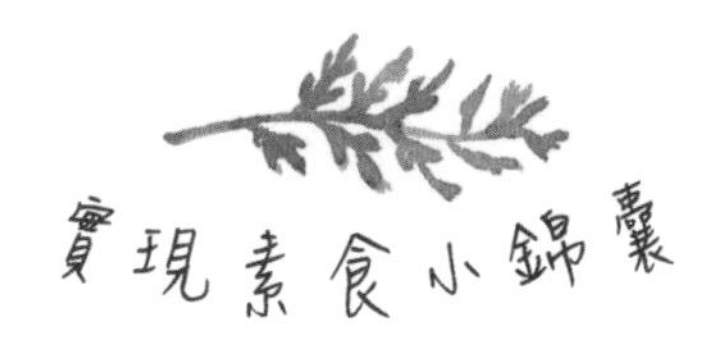

實現素食小錦囊

朋友向我訴說在香港當素食者或純素食者十分困難，沒有人希望每餐面對清蒸青菜或油炸素肉。事實上，我對平平無奇的菜式也提不起興趣，只要你無懼提問，在香港找到可口和健康的全素餐並無難度。以下是一些協助你起步的小錦囊：

1. 逐步減少一種肉類，例如第一個星期不吃牛；第二個星期不吃牛和豬，如此類推，自選一套方法令自己更容易融入新的飲食習慣。

2. 選擇部分日子茹素，如初一、十五吃齋菜的話，這對你來說已輕而易舉。每星期選擇一天進食純素，然後增加每星期茹素的日子。

3. 在家裏茹素，外出時容許自己吃一點海產。當你開始習慣和別人選擇不同的餸菜時，這是時候吃純素了。

4. 留意食物的成分。當你購物時，通常查看成分及有效日期。同樣地，當你在餐廳進食時，不厭其煩地問清楚選用了什麼材料，因為使用肉湯底做成蔬菜湯，或魚露炒青菜是頗常見的。

5. 在餐廳落單選食物時，不妨加多一點創意。細看餐單上的前菜及伴菜，將幾款小碟併成一道吸引可口的主菜，如炒冬菇、烤露筍配薑米飯。你亦可將另一道菜餚中的肉類挑出來，換上蔬菜、水果或果仁，配搭成自選沙律。

6. 當你在餐牌上看不到任何素菜時，不用氣餒，懇切地向侍應提出你的要求，很多廚師都願意接受挑戰顯露創意和廚藝，為客人特製一道純素佳餚。以前我工作的幾家餐廳的廚師，任何時間都能創造既美觀又滋味的素菜，侍應也做出相對的回應，對客人的要求永遠抱着正面的態度。

純素Q&A 吃素很難和朋友外出吃飯，怎麼辦？

朋友聚會交流和溝通是重點，吃的反而是次要，你可以先在家裏吃一點，到達餐廳後享用飲品、簡單的沙津或炒菜即可。

7. 如你不確定光顧的餐廳有否純素菜式供應，不妨以電話或電郵預先詢問及提出要求。我曾經在香港參加婚宴及工作活動，只需預先一、兩天通知他們，主人家或主辦機構樂意安排素菜。同樣地，當我安排傳媒聚餐，也會詢問每位編輯和記者朋友對食物的過敏和喜好，務求每人都吃得愉快，沒有被冷落的感覺。

8. 在網上搜尋區內的素食餐館，例如：www.happycow.net、www.openrice.com 或「素 .. 邊度有得食」app 看看，這些網站登載了素食餐廳和備有素食餐單的餐廳供參考。

9. 參加素食團體，結交志同道合的人士，與全素食者或渴望成為素食者結成朋友，交換意見和心得，令茹素的過程變得容易和有趣。大家可參加 V Girls Club，每星期於不同的餐廳聚會，也有健康的運動班和其他有趣的綠色環保活動（www.meetup.com/vgirlsclub 免費報名）。

10. 抱着正面的態度，處之泰然。既然每人有不同的宗教信仰、政治觀點及性取向，當然也有自由選擇我們的食物。如對果仁或牛奶過敏的人不會受歧視；因健康、愛護動物或環保的理由不吃肉或海鮮，他們也不應歧視你。

只要有心嘗試，吃素並不是難事。「If there is a will, there is a way.」世上無難事，只怕有心人。

[坊間的素食便當。]

滋味旅程

不論到海外旅行或工作，玩得開心之外，吃得滋味、吃得健康也是基本要求之一。尤其是吃素，出外旅行前的準備功夫絕對不可馬虎，我在這裏分享一下安排滋味旅程的十大貼士。

1. 大部分航空公司都有不同的餐飲選擇：素食、純素、無麩質、適合糖尿病人、猶太人戒律、回教徒戒律等。尤其乘搭長途機，吃得清淡、健康一點較為適合。航班出發 24 小時前，預定需要的餐單，不用擔心只可選擇一些不想吃的東西了。

[航班上的素食早餐。]

2. 參加遊輪旅遊，食物的選擇相當多。多年前，我曾乘遊輪到加勒比海旅行數次，每次在自助餐桌上找到美味的素食。每家船公司的食物都不一樣，但只要預先跟他們說好，廚師一定樂意安排。

3. 出發前，在 www.happycow.net、www.yelp.com、www.vegdining.com 等網站準備一下，查看那些餐廳有地道且健康的素食菜單。另外，www.veggie-hotels.com 和 www.veganhotels.com 也有很多素食酒店和素食餐廳提供，所以不用擔心，一定可以找到心頭好。

4. 餐廳的服務宗旨之一是令客人吃得開心，無論你需要進食低糖或對某些食物敏感，不要怕麻煩或感到廚師不加理會，很多時候他們習慣了來自世界各地旅客不同的要求。我曾經跟朋友在美國一家很著名的牛排、海鮮餐廳吃飯，在座的人以為我只可吃沙律，但廚師卻有心地替我弄了一客特別的菜單，他說每天做着相同的菜式很納悶，所以有客人給他機會動動腦筋，反而覺得是一個好玩的挑戰。

5. 當你不想解釋自己的食物習慣時，跟侍應説對某類食品敏感是最好的對策。我是吃純素的，跟餐廳説我是「vegan」不是每個人都明白，但如果説對奶類敏感，所以不能吃牛油、芝士和奶油之類食物，他們就會「知難而退」。

6. 在不同的國家，連鎖快餐店或專營權餐廳的菜單都不一樣，如較為健康的素食漢堡包或鮮榨果汁，隨時有新發現。

7. BYOF (Bring Your Own Food) 對吃素或口味要求高的人並不陌生，水果、豆類、堅果和種子等，營養豐富，而且方便攜帶。某些國家如美國，不容許攜帶新鮮水果入境，緊記吃完才過關。我經常帶備幾條能量棒和堅果，以備不時之需。

8. 萬一在旅途上找不到合適的餐廳，可預先在當地的超市選購一些水果、堅果，就不用捱餓了。我由於工作關係，在不同的環境下拍了四次婚紗照。每次起碼花上十個小時準備、坐車和拍攝，深深體會到健康零食在身旁是最好的救星。

9. 若旅程上住在有小廚房的酒店，自己下廚也是一個頗有情趣的體驗。顏色豐富的沙律、意大利麵，加上蠟燭、鮮花點綴，就算簡單的菜式也可變成一頓醉人的晚餐。

10. 加糖或加工的汽水、果汁不宜喝太多，清水是最好的飲料。建議每天最少喝八杯水排毒，將身體內的毒素帶到皮膚表層，也把腎臟血液內之毒素沖洗掉，經常帶備一個水瓶，健康之餘，也可省錢、環保。

出外旅行的時候，安全和健康是重要的考慮因素。吃得好、睡得好，心情自然開朗，做什麼事都事半功倍。

[在美國俄亥俄州首都 Columbus 的素食流動美食車。]

Chapter Three
營男素女。十問十答

在學習、實踐和研究純素生活方式的過程中，我慶幸在世界各地遇上很多高人，教導我無數一生受用的知識，從中把我的思維改變，將我的世界擴闊，最令我感動的，是我認識了不少志同道合的朋友。

我對抗癌症只是云云當中一個吃素的原因，他們每人都有一個獨特的故事——為什麼轉吃純素；從純素之中的蛻變；或對純素世界的貢獻等。

在美國工作的時候，我曾任職記者及編導負責訪問不同社會階層人士，所以策劃此書初期，我希望可以運用同一個模式，訪問素食名人介紹一些有趣味性的故事，給讀者不一樣的天空。可是，選擇15位素食名人訪問真的一點都不容易——我當然有很多尊重的素食朋友和偶像，所以在挑選的過程中，主要的條件是以代表性為主，如醫生、政府高官、健美先生、廚師、演員、藝術家、電視主持人等，他們來自不同的國家、背景、年代及種族。

我非常享受訪問和了解這15位素食朋友的故事，希望你們如是！

在訪問末段，我也來湊湊熱鬧，和大家分享一下自己的生活點滴。

許曉暉 Florence Hui

現居城市／國家：香港
現職：香港特別行政區
民政事務局副局長
背景：2008 年加入政府，致力推動香港的人文關懷與社會共融。局方的主要政策和服務範圍包括地區行政、文化藝術、體育康樂、青年發展、社會企業及宗教事務。

您成為純素者多少年？

從「方便素」到吃素轉眼 20 多年；從蛋奶素至純素則已 4 年。

您為什麼成為純素食者？

近因乃從素食和綠色生活中獲得很大喜悅與得着，希望進一步貫徹對生命的尊重與欣賞。遠因是小時候目睹一塊石磚從高空掉下，帶走了路過小兔子的生命，此情此景一直敦促自己愛護生命，奠下茹素的基礎，純素之路對於我來説並不崎嶇，而且喜樂常在。

當您茹素後，有否遇到任何障礙？

剛開始茹素時，以「方便素」為主，少為旁人添麻煩。遇到朋友疑問時，會耐心解釋素食的理念、實踐與好處。

您的家人及身邊的朋友也是純素者或素食者嗎？他們有沒有受您的影響，又或因您的習慣和行為而開始茹素？

很多朋友也響應一週一素食，尤在星期一與我一起用膳的朋友特別多，平常日子也有。

您最喜歡什麼食物？

新鮮、用愛心烹調的食物都喜歡，例如任何沙律或糕點，加入各式香草更佳。在沙律上加入水煮的香梨、烤南瓜、暖核桃油或藜麥，簡單卻很美味。

您最喜歡什麼飲品？

水果茶或花茶，尤其加入雪梨、杞子或菊花。

您能分享任何喜愛的食譜嗎？

西式的杏桃煎薯仔，加入羅勒、橄欖、八角、芫茜籽及迷迭香等香料。中式的冬瓜湯，放入雲耳、薏米、蓮子、紅棗、杞子等材料與冬瓜一起煲成湯，我都十分喜愛。

您認為全世界哪個城市最適合素食朋友？

香港愈來愈適合素食者，願我們一起更珍惜和愛護我們的城市。

有何與純素有關的事讓你最感自豪？

成功說服朋友嘗試而至愛上豆漿、穀物奶或果仁奶等植物飲品。

您踏出茹素第一步的心得是什麼？

茹素最重要是常懷着一份感恩心，其餘的按自己感到舒適的步伐和方法即可，不必急進。期望與更多朋友同行，一起分享素食，那怕只是每週、每月、每年，甚至間中一素。

純素感言

「生活和工作可以很忙，讓人容易感覺身心俱疲，希望大家常想起『身忙心不忙』，時刻保持一顆恬淡的心，嘗試欣賞及品味生命，以及生活的甜酸苦辣，從中學習感恩與珍惜。」

黃俊鵬

現住城市 / 國家：北京

現職：演員

背景：畢業於解放軍藝術學院戲劇系，曾演出幾十部影視作品，主要作品包括《國家寶藏之觀天寶匣》、《勇士之城》、《槍花》、《尋路》等，由於擅長演繹各種角色，獲得「千面演員」的稱號。

* 由於他喜歡喝茶，更有一個喝茶的茶名：高興昌（「高興昌」是一款四十年代的稀有普洱茶餅，這個茶名就是讓我日日高興的意思。）

您成為純素者多少年？

吃純素九年了！從了解素食到完全戒掉煙、酒、肉花了兩個月時間。我從 2007 年 12 月 18 日開始吃素到現在。

您為什麼成為純素食者？

我太太是素食者，剛開始時受太太影響，後來了解素食對地球環境的利益，素食對心靈成長的意義，就更加堅定了。

當您茹素後，有否遇到任何障礙？

吃素過程中最大的障礙是拍戲時吃飯很不方便，為了吃純淨素食，在劇組我會帶上鍋碗瓢盆，和助理一起自己做吃的，助理也是素食者。

您的家人及身邊的朋友也是純素者或素食者嗎？他們有沒有受您的影響，又或因您的習慣和行為而開始茹素？

我的太太比我吃素還早一些，由於我茹素後，姐姐、姐夫、侄女都吃素了，在拍戲時有些演員朋友都受到影響，從而開始素食。我沒做什麼，只是帶他們和我一起喝茶、吃素，慢慢他們就自己轉變了。拍其中一部戲時，姐夫當了我的司機，之後也戒掉 40 年的煙癮！

您最喜歡什麼食物？
我對美味的素食，胃口很好，常常煩惱減肥失敗，呵呵！

您最喜歡什麼飲品？
生活中最大的愛好就是喝茶，喝普洱茶對我吃素有很大的幫助。

您能分享任何喜愛的食譜嗎？
我在家吃得最多的是薯仔，它可以搭配很多蔬食，各種做法也好吃又營養。

您認為全世界哪個城市最適合素食朋友？
對於素食者來說，台灣是最好的選擇，吃素最方便，最好吃。

有何與純素有關的事讓你最感自豪？
作為一名素食者，能身體力行，用事實說明吃素沒問題、更健康，就會影響很多人。

您踏出茹素第一步的心得是什麼？
要茹素，不是靠忍着不吃肉，而是多了解素食背後的意義，了解素食帶來更深遠的影響，才會發自內心的嚮往素食。

純素感言

「有許多人由於擔心素食對工作、生活帶來不方便而放棄嘗試，但當我開始素食後，我的身體比以前更健康，內心變得敏銳，感知這個世界有那麼多的美好。心靈的成長讓我從容、感恩、喜悅的過好每一天，吃素不僅沒有妨礙我的工作，反而贏得很多人的尊重，我可以這麼肯定的說：『素食是我對自己生命的最好選擇！』」

Josh Balk

現住城市／國家：美國馬里蘭州的 Silver Spring
現職：Senior Food Policy Director, Humane Society of the United States
背景：在世界上其中一間最大的動物福利組織工作，為動物籌謀福利，並幫助創造和發展惠及動物的食品公司。同時，他更是素食食品公司 Hampton Creek 的創辦人之一。

您成為純素者多少年？

在 2001 年開始吃純素，已十多年了。初時成為蛋奶素食者大約四年，隨後間中吃純素，有時半素，直至 2001 年決心轉為純素。

您為什麼成為純素食者？

我看了紀錄片，發現大部分雞蛋來自在鐵籠掙扎的雞隻，這嚴重地虐待動物的做法，令我不得不支持茹素。

當您茹素後，有否遇到任何障礙？

當我成為蛋奶素食者之前，家裏沒有電腦，幾乎沒機會上網，間中到圖書館搜尋資料外，很難取得有效的資訊。那時候，沒有比較有效的資料如何從肉食轉到素食。到今天卻容易得多，在網上可搜尋成千上萬的網站，讓大家容易找到既簡單又可持續的純素生活方式。

您的家人及身邊的朋友也是純素者或素食者嗎？他們有沒有受您的影響，又或因您的習慣和行為而開始茹素？

我有純素者、素食和非素食的朋友，我相信大家在某些方面都互相影響。我關心動物，希望大家吃得更人道。我只是引導朋友了解成為純素者及素食者何等易如反掌，令他們容易做出嘗試純素的選擇。

您最喜歡什麼食物？

我喜歡多種素食（如豌豆和大豆製素食）、漢堡、雞肉，甚至煙肉。這些植物為基礎的美食，其味道不比動物製品遜色。

您最喜歡什麼飲品？

洛神花茶。

您能分享任何喜愛的食譜嗎？

素食漢堡，材料有泡菜、番茄醬、芥末醬、洋蔥及生菜，這是我覺得最美味無窮的食品。

您認為全世界哪個城市最適合素食朋友？

三藩市。

有何與純素有關的事讓你最感自豪？

茹素可以幫助動物，也可以健康地解決每日三餐，何樂而不為！

您踏出茹素第一步的心得是什麼？

如果你想成為純素者，要多接觸純素者聆聽他們的經驗，瀏覽 www.ChooseVeg.com 等網站獲取更多資訊。實行這個偉大的決定前，只需做一些研究，過渡期會很從容，從此以後你會感受到素食帶來的美好。如果你是純素者，不妨以同情心耐心地指教別人。

純素感言

「人很渺小，很難在短時間內在世上有所作為。人生苦短，希望我也能為創造友善的世界而產生點點影響感到自豪。」

盧麗愛醫生 Dr. Irene Lo

現住城市／國家：香港
現職：香港註冊執業外科醫生
背景：九十年代中畢業於香港中文大學醫學院，現職公立醫院，專注肝膽胰及創傷外科。素食接近二十年，領悟出健康生命力之秘訣：健康素食方程式（吃全素＋整全食物＋盡量食生）（Whole Food Raw Vegan Diet），積極與人慷慨分享，有望他人（特別是病人）能重新活出健康的生命。

您成為純素者多少年？

20年前開始素食；純素食10年。

您為什麼成為純素食者？

主要是不忍看見動物為了供應人類食物，所受的各種生之苦、死之痛，憐憫之心情實在非說話或筆墨可形容。不只肉類，蛋、奶（包括奶粉）、芝士、牛油、豬油、蜜糖等食物，都是透過欺凌動物而得來，我從沒覺得自己損失了什麼別人所謂的「美食」，因我所吃下的，沒有半點動物的痛苦和犧牲。

就是一份對生命的尊重，成了很大的動力，驅使我探索如何素食得真正健康，我絕不能因素食不當而生病，讓別人對素食增加偏見。多年來參考了醫學、營養學、生物學、自然療法、環保學專家撰寫的文章、書籍、研究論文，發現原來在眾多不同的理論下，大家不約而同認為植物性食物最適合人類。可是，健康素食並非拿走碟上的肉而已，需要配合食全素＋整全食物＋盡量把蔬菜瓜果食材生食，這就是健康素食方程式的精要。

根據病例及個人經驗，很多常見的功能性疾病或慢性病，如胃氣脹、胃痛、便秘、血壓高、高膽固醇、糖尿、痛風、頻頻感冒、多種敏感症、多種頑固的免疫系統失調症、乳房脹痛、經痛等婦女病、脂肪肝、膽石等，可透過健康素食方程式得以改善或預防。若大家持之以恒這種飲食態度，可幫助減低患上各種癌症的風險。

當您茹素後，有否遇到任何障礙？

在現今社會，肉食、白飯、麵包和加工食品是主流食物。多年來要反傳統全素食、吃整全食物及食生實在來得不容易。身邊的家人、朋友和同事也曾質疑、有意或無意地挑戰我的飲食習慣，但我深信預防勝於治療，我們每天吃進身體的各樣食物，其實就是保健醫藥的一部分，所謂「人如其食，觀其食而知其人也」。實行全素食、吃整全食物及食生後，我從沒想過走回頭路，因你察覺自己體格及精神上得到的正面轉變時，足以成為無窮的動力驅使你毫無疑問地循這條路向前走！成了習慣後，偶爾吃得不好，自然會感應到身體所發出的訊息。我相信，自己是最了解自己身體的人。為了善待自己，為了寶貴的健康，本着為自己而吃、不為別人而吃的想法，我不知不覺中堅定地循着自己認為對的信念生活，不太在意身邊不認同者對你的看法和批判了。

您的家人及身邊的朋友也是純素者或素食者嗎？他們有沒有受您的影響，又或因您的習慣和行為而開始茹素？

無論在家裏或工作中，我是唯一的純素食者。我接受並尊重各人對食物的選擇，沒必要勉強別人跟自己一樣。我尊重別人，別人也會尊重我。現在出席聚會，也有一份我的「特別餐」，有時我這份「特別餐」的賣相，比鄰座的「正常餐」還來得漂亮！我的理想希望自己透過吃全素食、吃整全食物及食生的生活態度，吃出不一樣的健康，讓自己的正能量和健康感染身邊的人。如果認識我的人因我而甘心情願地嘗試開始素食，甚至持續下去，我會很欣慰。

您最喜歡什麼食物？

所有未經煮熟的新鮮蔬菜、瓜果、種子果仁；所有天然的、有生機的、背後沒有殘害動物得來的食物，就是我最喜愛的。

您最喜歡什麼飲品？

由新鮮有機的綠葉菜、香蕉、檸檬、亞麻籽攪拌的綠菜汁。此外，選配不同種類的蔬菜、生果、堅果、種籽等一併打成汁，喝一大杯（500ml）已足夠成為一份豐富的早餐。

您能分享任何喜愛的食譜嗎？

一道混合了時令蔬菜、瓜果、生果的雜錦拼盆，配搭蛋白脂肪含量豐富的果仁醬汁或牛油果醬汁。另外，清淡的鹹味檸檬汁或果醋也是我喜愛的醬汁配搭。

您認為全世界哪個城市最適合素食朋友？

台灣、澳洲和意大利都是我喜愛的旅遊地點，它們都是提倡和包容素食主義的國家，人們對純素食這個概念並不陌生，大部分人明白你的需要，餐廳的菜單也有純素的選擇。

有何與純素有關的事讓你最感自豪？

自從開始大比例食生後，發覺免疫系統有明顯的改善。不知不覺中，一年又一年的過去，回想起我最後一次感冒已是八年前的事了。我察覺到不慎弄來的傷口，癒合速度真的比以前快。以前長滿暗瘡的前額及後背、嚴重的經痛，今時今日已不藥而癒。今天的我，感到自己體格鞏固，精力充沛，精神上對事、對生活的感受及想法確實比以前正面。

您踏出茹素第一步的心得是什麼？

我的經驗是：吃素不難、吃純素也不難，兩者都是來得自然。可是，要放棄吃加工食物、煎炸食品、零食、餅乾、白飯、白麵包、麵條等其實是最難。但當你習慣後，偶然再吃那些曾經很難擺脱的食物時，反而有種不適應的感覺，這就是我所謂：「看不到走回頭路的原因」。

純素感言

「當你重視食物的質素，很自然地注意食物的生產及供應流程，愈了解食物是從那裏來的時候，我亦深深慨嘆人性的迷失，對同樣是活生生流着血的『家禽』何以加諸難以想像、慘不人道的生靈塗炭與殘殺。我也驚嘆一直以來根深蒂固的肉食文化，除了徹底地損害我們健康，也對地球寶貴的資源、美麗的生態環境造成超乎想像的破壞。人類破壞生態環境，始終會自食其果，近年很多天然災難、反常氣候就是証據。」

韓李李

現住城市/國家：上海、香港、馬來西亞、泰國

現職：藝術家、雕塑家、大學老師和阿拉兔（Alatoy）的創作者

背景：繪畫、裝置、雕塑、插畫，什麼都玩，純素生食實踐者，堅定的動物保護和環境保護的積極行動者，這些年一直努力的是實踐可持續環保和以藝術創作的無傷害生活方式。

您成為純素者多少年？

這個我沒有特別記錄，因為這是很自然的事，成為不吃肉的素食者已很久了。不過，不吃蛋奶、蜂蜜及其他動物製品成為純素者是六年左右，我以不願意傷害動物的角度，幾乎屬於頓悟狀態，是立刻覺醒的，沒有過程，立即吃素。

您為什麼成為純素食者？

很多年前的一天，在聚餐上看到朋友邊説話邊從嘴裏吐出一根小骨頭，慢慢堆放在桌上的小白骨，頓時我驚呆了。為什麼有些生命還和你説着話，有的生命卻變成一道菜。從那刻開始，我不再吃肉。

當時，除了肉類，我還不清楚其他動物製品有何問題。直至有一天，參加一場愛護動物的表演——「別吃朋友」。創辦人說了小牛、小雞及小月熊的故事，這些農場動物在短短的一生中注射各種藥物和生長激素，牛媽媽也被迫不斷懷孕以保證產奶；牛寶寶也難逃厄運，除喝不到牛媽媽的奶，很多剛出生就被絞碎成飼料。

同樣悲慘的是不產蛋的小公雞，即使有利用價值的母雞，也從小斷喙，終生擠在不能轉身的籠子，吃着拌有被淘汰的小公雞絞成的飼料。這刻起，我立刻變成嚴格純素食者，無法猶豫，不能回頭。

當您茹素後，有否遇到任何障礙？

家人和朋友不理解、不支持，但沒關係，保持自己的節奏，當自己的一切變好，他們的態度就好起來了。其實也不算是障礙，只要你想做，一切會變好的。

您的家人及身邊的朋友也是純素者或素食者嗎？他們有沒有受您的影響，又或因您的習慣和行為而開始茹素？

有，但卻不多。之前不敢告訴媽媽我吃素，怕她擔心和反對，但下定決心告訴她之後，心地善良的她也和我一樣，成為素食者。本來不理解我行為的表哥，去年看了報紙上我對素食環保和保護動物的採訪，有所觸動，也看到我近年的變化，他也開始素食了。

愈來愈多身邊的朋友加入素食或增加素食比例，毋須想着影響別人或改變別人，他們的不支持其實不是對你不好，反而為你擔心和着急。吃純素後，自己愈來愈好，脾氣變好、身體變好，身邊人會看到，當他們發現素食非但不會缺少營養，反而讓你一切變好，自然就安心，也會慢慢嘗試。

您最喜歡什麼食物？

任何不加工的天然蔬菜和水果，大自然給我們的禮物毋須修飾，就是最好的——芒果、榴槤、香蕉、菠蘿、牛油果等，實在太多了！

您最喜歡什麼飲品？

馬來西亞和泰國的新鮮椰青水。

您能分享任何喜愛的食譜嗎？

我每天吃的都是簡單的蔬菜和水果（直接拿來就吃），不過也有一個簡單的拿手菜——牛油果拌火箭菜，直接用手捏，過程中用心和它們溝通，感恩大自然給我們的食物，誰都可以做到，而且特別美味。

您認為全世界哪個城市最適合素食朋友？

剛吃素時一直羨慕台灣和印度，因素食者多，令素食很方便；現在卻發現只要你想做，無論那裏都很合適、也很方便。只要從菜譜拿掉殘忍血腥的部分，增加容易獲得的食材，還是很方便的，即使在普通的餐廳，也可向店員要求去除不需要的食材，當然成為生食者後就更方便了，到處都是水果店和菜市場，這些地方就是食堂了……哈哈！

有何與純素有關的事讓你最感自豪？

花了幾年時間構思和籌備，2013年描畫了上海的素食地圖，給大家一個吃素的參考，又方便又好玩。買了一噸環保紙，自費印刷，送給很多素食餐廳和朋友，當然獲得很多朋友的支持、愛和鼓勵。我希望繼續努力繪畫其他城市的素食地圖，現在已完成的包括香港、成都、拉薩、天津和廈門等素食地圖。當然我也一直繪畫素食菜譜、其他關於愛動物、愛地球的畫作，能夠付出真的是福氣，我非常開心能用自己一點點的繪畫能力做更多有意義的事情。

您踏出茹素第一步的心得是什麼？

不管為了自己的健康，還是為家人朋友、動物朋友們或地球，當你改變飲食，改變你的心之後，你會發現動物、植物、我們的小星球與我們的關係，真的和你所想的不一樣。

純素感言

「你的心愈美好，你看到的世界也愈美好。我們花出去的每一分錢都是投票，為你想看到的未來而投票，每一個行動和選擇都是。我們想看到的世界是和平、快樂、美好、健康的，而非殺戮、血腥和殘忍的，相信你也是。」

Richard Watts "Vegan Sidekick"

現住城市／國家：英格蘭

現職：漫畫家

背景：其文字及漫畫主要圍繞動物權利為主題。作為純素者，他宣揚捍衛動物，反對虐待。他的支持者覺得其作品很寫實，尤其與非素食者辯論時，因他的繪圖能精準和邏輯地概括重點，顯得特別有說服力。

您成為純素者多少年？

約十五年。我十六歲那年，曾經想成為純素者，卻未身體力行。直至十八歲時，我改為吃純素，那時沒有猶疑，立刻停吃所有肉、海鮮、蛋和奶產品。

您為什麼成為純素食者？

我最初有此決定，因我意識到任何類型的耕種都是一種破壞，而被畜牧的動物從出生一刻已被禁錮，沒任何自由（我反對動物被殺害，所以已茹素一段時間）。後來領略到無論工廠式養殖的動物有什麼用途，最終都會被殺。這些都足以令我立志成為純素者，若我早點知道這事實，我一開始就會成為純素者而非蛋奶素食者了。

當您茹素後，有否遇到任何障礙？

雖然我不知道為何自己不在十六歲那年下決心成為純素者，或許當時的我對純素的概念仍很模糊，而且沒有吃純素的朋友，也可能是因為當時我跟父母同住的關係。直到十八歲上大學，開始自己購買食物，我醒覺要改變。我的父母曾反對我吃純素，説素食缺少營養，我沒加理會，説做就做。

您的家人及身邊的朋友也是純素者或素食者嗎？他們有沒有受您的影響，又或因您的習慣和行為而開始茹素？

母親吃蛋奶素已有一段長時間，近來閱讀我的漫畫轉為吃純素，終於明白以前所想的是多麼糊塗。我有幾個朋友已吃素，雖沒有特別跟我説，但我覺得這是因為我們曾經談過此話題，加上他們不同意殺生。我還有一個朋友是蛋奶素食者，遇見我幾個月後成為純素者，或許這是他一直想做的事，但有純素者再給他打下強心針，讓他意識到原來一切都很簡單。

您最喜歡什麼食物？

我喜歡很多不同的食物，最喜歡零食，薯片、薯條是我的最愛之一，而且也很喜歡純素肉乾，但不常吃。我一般喜歡吃整全食物，尤其熱愛以香蕉和藍莓為食材的水果沙冰。

您最喜歡什麼飲品？

如果不用擔心健康的話，會選植物奶製的朱古力奶昔。如果以健康為主，就喝水。

您能分享任何喜愛的食譜嗎？

我鼓勵大家嘗試水果沙冰，並加入菠菜。大多數人可能不會吃很多綠色蔬菜，但綠色蔬菜基本上是最健康的食品。我也不喜歡菠菜的味道，但喝沙冰時卻不感到強烈的菠菜味，而且非常健康。

您認為全世界哪個城市最適合素食朋友？

由於我不去旅行，所以我不知道，但聽説英國的布賴頓（Brighton）和布里斯托爾（Bristol）很適合素食朋友，美國波特蘭（Portland）也不錯，但我還未曾到過這些地方。

有何與純素有關的事讓你最感自豪？

老實説，是我的漫畫網頁。數十位粉絲留言告訴我，因看我的漫畫成為純素者。對我來説，這是我們能為動物所做及最基本的東西——讓別人杯葛濫用和虐待動物。成立網頁之前，我對別人的影響很小，總是因沒人感興趣而覺得沮喪。現在，我的網頁讓我感到很充實。

您踏出茹素第一步的心得是什麼？

如果你想成為純素者，覺得是正確的選擇，就去做吧！除此之外，找一個純素者成為你的軍師，隨時解答你的問題，我建議純素者禮貌地回答非純素者的提問。只要堅持成為一個好榜樣，讓大家明白用意，可消除負能量。

純素感言

「我很高興自己的漫畫受大家歡迎，並有大量支持我的朋友，更有不少正面的回應，我深感安慰。有些人因此覺得我高不可攀，有些甚至稱呼我為『名人』。對我來說，我只是繪畫漫畫，而大家喜歡我的漫畫，就這麼簡單。我不想給人感覺高人一等，任何人需要協助的時候，我很樂意提供資源。你甚至不需要想起我，只需留意漫畫上不殺動物的訊息我已心滿意足了。」

李宇銘博士 Dr. Vincent Lee

現住城市／國家：香港
現職：香港中文大學中醫學院講師
背景：教授中醫學生，並開診看病。

您成為純素者多少年？

十三年素食，最後六年是吃純素。起初還未了解為何不吃奶蛋等動物製品的意義，首七年是一般奶蛋素食者，後來明白了，於是立刻變為純素者。知而後行，現在對奶蛋食物完全沒有想吃的欲望。

您為什麼成為純素食者？

接觸素食資訊後，我覺得素食本是人類正確的飲食方法，對各方也有利，何樂而不為？不吃奶蛋等動物製品，成為純素更能完全體現此理念。

當您茹素後，有否遇到任何障礙？

沒有甚麼難度和障礙，只要自己想做的，就一定能夠做到。所謂「牛唔飲水唔撳得牛頭低」，嘴巴是自己的，沒有人能夠強迫你進食不想的東西。

您的家人及身邊的朋友也是純素者或素食者嗎？他們有沒有受您的影響，又或因您的習慣和行為而開始茹素？

開始素食的時候，我是家中第一位吃素的人，後來吃素久了，逐漸認識不少素食朋友，也影響了許多家人和朋友轉而吃素。

您最喜歡什麼食物？
橙。

您最喜歡什麼飲品？
橙汁。

您能分享任何喜愛的食譜嗎？
其實，我吃得很隨便，以前在北京生活特別喜歡吃「尖椒土豆絲」，或「酸辣土豆絲」。

您認為全世界哪個城市最適合素食朋友？
我不是經常到外國地方，覺得台灣是靠近我們的素食天堂。

有何與純素有關的事讓你最感自豪？
素食者的言行合一，以實踐活出慈悲心，才是最「順心而行」的人生。

您踏出茹素第一步的心得是什麼？
嘗試素食需要「情理兼備」，需要從理性角度認識為何吃素、素食的技巧；感性上需要體會素食的好處和進食動物的壞處。

純素感言

「以我認識的中醫學，自古以來十分支持素食。生食跟寒涼是兩回事，中醫的『生』和『冷』是兩個概念，生食食物也有不同的寒熱特性，並非生食一定寒涼。生食需要一定的腸胃健康，才能夠消化得了，如果腸胃弱的人，剛開始生食可能容易覺得不舒服，以為是由『寒涼』引致，其實跟寒熱未必有關。我需要指出，並非腸胃弱就不可以生食，好像身體弱的人是否不可以做運動？反過來說，愈不做運動的話，身體只會愈來愈弱，生食也是相同道理。」

Torre Washington

現住城市／國家：美國佛羅里達州邁阿密

現職：NASM 認證的教練

背景：曾榮獲美國自然健美比賽的冠軍達六次，他的完美體格和身形全靠純素飲食，完全沒用補充劑輔助。Torre 的訓練方式側重對稱性和審美學，並因此成為國際健美界最受追捧的素食主義健美者。他是第一名被《GQ》雜誌專訪的純素食主義健美運動員（2016 年 3 月號）。

您成為純素者多少年？

我是胎裏素，自 1998 年開始從蛋奶素轉為純素食，已十八年了。

您為什麼成為純素食者？

因為遵循拉斯塔法里教（Rastafarian）的生活方式，不想被認為是虛偽的人，所以成為純素者，我知道大多數教派的人當時還未茹素。

當您茹素後，有否遇到任何障礙？

我主要面對的障礙是現今世界的看法。純素者彷彿跟人類或肉食者對立，但亦屬小眾的一群。其實大部分人對純素的生活方式一知半解，我喜歡用行為感染，讓人認識不同的生活方式和飲食習慣，而不是強迫或指責任何人的選擇。

您的家人及身邊的朋友也是純素者或素食者嗎？他們有沒有受您的影響，又或因您的習慣和行為而開始茹素？

有，他們都受我的感染、看到素食對我健康的正面影響，以及我樂意接受他們，從而令他們嘗試吃純素。我有一位中學好朋友成為純素者差不多一年，聽了他的改變後感到很有啓發性。

您最喜歡什麼食物？

純素蛋糕和雪糕。對我來說，這真是一個棘手的問題，我太喜歡吃東西了，所有純素的食物都喜歡。

您最喜歡什麼飲品？

水。

您能分享任何喜愛的食譜嗎？

鷹嘴豆沙律多士，食譜刊載於我的電子書上。

您認為全世界哪個城市最適合素食朋友？

加州洛杉磯。

有何與純素有關的事讓你最感自豪？

最值得驕傲的是身為純素者，可以在健美與健身行業中，四個不同的組織贏取四個專業的 pro card（* 編者按：pro card 是國際健美總會的專業資格）。

您踏出茹素第一步的心得是什麼？

我是一不做、二不休的人。每個人都是獨一無二，我建議由每週的選擇開始，學習及用開放的態度，慢慢改變一直以為吃肉才能增強體質的習慣。

純素感言

「You must act as if it is impossible to fail.
（你必須告訴自己不可能失敗。）」

~Ashante（Afrikan）格言

徐嘉博士 Dr. Jia Xu

現任城市／國家：美國聖地牙哥
現職：美國責任醫師協會（PCRM）營養學專家
背景：北京大學生物物理學學士、約翰霍普金斯大學醫學院生理學博士。現於美國責任醫師協會從事臨床營養學研究與推廣，公益推廣健康植物性飲食，並且在國家疾病控制中心和社科院等撰寫報告。

您成為純素者多少年？
大約九年。吃蛋奶素十四年後，花了三年時間成功改為純素。在這十四年中，只偶爾吃一點雪糕，因已不喜歡奶製品。

您為什麼成為純素食者？
健康、環保、愛動物、靈修。

當您茹素後，有否遇到任何障礙？
轉為素食的過程中有點障礙；轉吃純素則沒有，主要是當時（九十年代初）沒有素食相關的資訊，怕營養不夠，所以反覆試了多次。可是，經過此過程後則了解身體對肉、蛋有很大反應，以後就不吃了。

您的家人及身邊的朋友也是純素者或素食者嗎？他們有沒有受您的影響，又或因您的習慣和行為而開始茹素？
家人及身邊的朋友都有頗多純素者或素食者，他們各自因認識到素食的好處而開始茹素。

您最喜歡什麼食物？
西瓜。

您最喜歡什麼飲品？
普洱茶。

您能分享任何喜愛的食譜嗎？
蔬果昔。用兩至三款水果、胡蘿蔔、羽衣甘藍、檸檬、亞麻籽等，全部放入攪拌機內打至忌廉狀。

您認為全世界哪個城市最適合素食朋友？
台北。

有何與純素有關的事讓你最感自豪？
沒什麼驕傲的，能吃到美味的素食很開心；能影響他人吃素也很開心。

您踏出茹素第一步的心得是什麼？
無論是什麼原因開始茹素，要認真研究，反覆思考，看看是不是自己嚮往的生活方式才作決定，因定下的決定不能輕易變更。可以先嘗試兩、三星期再決定，嘗試期間要100%吃素才能真正體驗它對自己有沒有好處。是否進食動物性食物是最關鍵的紅線，若越過這條線就與非素食沒什麼區別了。其他健康飲食的注意事項如少油、少鹽、少糖，避免加工食品等可逐漸實行。剛開始素食要注意細聽身體的反應，餓了就要吃，不要捱餓。

純素感言

「推薦給想開始健康素食的朋友，大家可以嘗試接受21天健康挑戰：www.21dayhealthychallenge.org」

Moises Mehl Diez Gutierrez "Chef Moy"

現任城市／國家：香港，墨西哥人
現職：純素廚師
背景：在 nood food 研發蔬果汁排毒療程及食譜，並作為健康生活大使舉行生機料理示範和講座，推廣營養飲食。他也具備瑜伽導師的資格，並身兼作家和生機飲食的先鋒。

您成為純素者多少年？

九年。十三年前，我開始對素食主義產生興趣，我不吃魚，但當時仍然吃蛋和奶製品，未有深入研究純素飲食的營養價值，對動物權益更一無所知。細閱 Bob Torres 的書後，我反思動物權利的意義，並身體力行。

您為什麼成為純素食者？

茹素四年後，我開始收聽 Bob 及 Jenna Torres 主持的網上廣播「Vegan Freak」，談及動物權利，自此令我茅塞頓開，在同一天空下，動物也應享有相同的權利。我們可選擇不剝削動物而維持生活，對自己和環境有着莫大裨益。

當您茹素後，有否遇到任何障礙？

朋友和家人最關注茹素有沒有足夠的蛋白質和營養素，他們認為放棄了雞蛋及奶製品會影響我的健康。我開始尋找實質的例子，甚至是職業運動員，證明這樣的飲食方式根本沒有問題。我幸運地從祖母的書籍獲得許多資料，並發現純素蛋白的來源多不勝數，而且大家有點高估人體所需的蛋白質。此外，還要注意攝取其他重要的營養，如維生素 B_{12} 和保持均衡的脂肪酸。

您的家人及身邊的朋友也是純素者或素食者嗎？他們有沒有受您的影響，又或因您的習慣和行為而開始茹素？

有的，正如我提到我的摯親是我的靈感來源，祖母的工作和書籍啟發了我。我的姨姨 Blanca 和叔叔 Jose 是茹素者，雪櫃內總有不少美食。當我到訪美國時，會待在他們家好幾天，愉快地享受美食，他們就是正面的例子。

您最喜歡什麼食物？

由於我來自墨西哥，牛油果是我的最愛，可搭配很多甜品和鹹味食材。牛油果有滋潤作用，是許多人用作保持均衡營養的食物。當我開始成為純素者，總是將半熟的牛油果放在紙袋，讓雪櫃常備熟透的牛油果。移居香港後，我初嘗榴槤，它從此成為我的第二最愛！

您最喜歡什麼飲品？

新鮮椰子水，這絕對是一種充滿驚喜及自然的飲品。椰子水接近我們身體的電解質，也是消耗體力後的最佳補充品。我喜歡用椰子水作為沙冰的基本材料，或混入雲呢拿豆飲用。

您能分享任何喜愛的食譜嗎？

果仁棒棒餅是一款平衡健康的小食，特別適合遠足及忙碌後食用以補充體力。果仁棒棒餅含有豐富蛋白質、奧米加3、礦物質（如鐵、鋅）、抗氧化劑和維生素E，對皮膚及免疫系統很有益處。

果仁棒棒餅 Funky Bars

材料：

核桃半杯（浸水6小時，放於雪櫃）
南瓜籽1/3杯（浸水6小時，放於雪櫃）
奇異籽2湯匙
蜜棗4粒（若不軟身，放雪櫃先浸1小時）
可可脂2湯匙
茴香油2滴（視乎個人喜好而增減）

做法：

1. 所有材料放入食品加工機打成茸，再成為麵糰狀（確保麵糰內沒有碎塊）。
2. 準備方形曲奇模具，將麵糰搓成球狀，或搓成大於模具的尺寸。
3. 將球狀麵糰放入模具，可留多一點高於模具的邊緣，用刮刀去掉頂部多餘的麵糰。
4. 用手指一按，鬆開，直接放入風乾機或雪櫃冷凍凝固，若喜歡的話可於棒棒餅加上果仁享用。

您認為全世界哪個城市最適合素食朋友？

我曾到仿如純素天堂的好地方，如紐約和洛杉磯，在餐牌上會標示「純素」，毋須費時向侍應查詢。我肯定其他地方也開始有很多純素的選擇，也希望純素飲食變得更流行。

有何與純素有關的事讓你最感自豪？

我很感謝家人支持我的生活方式，並可在 nood food 工作的機會以推廣純素，又在香港分享純素選擇的菜譜，通過教學和示範演繹純素主義。

您踏出茹素第一步的心得是什麼？

要不斷學習純素飲食，特別是 B_{12} 的重要性，我們亦需要補充品，我建議 methylcobadamine（維生素 B_{12} 之一）暫時沒有穩定的外服食品能取而代之，同時吸收必需的脂肪酸，每天吃一些核桃、大麻籽、奇異籽或亞麻籽油。用椰子油煮食，棄用植物油。大豆少吃為妙，建議只使用有機大豆、發酵豆豉、納豆或味噌。同時尋找其他茹素的飲食來源，如大麻籽和豆芽等。

純素感言

「讓生活加添更多純素生機飲食，提升營養密度、活酵素和生物光子，使生活充滿活力。另外，開展園藝活動也別具意義，園藝、地球和食物三者息息相關，閒時以園藝自給自足，是消磨時間的好伙伴，以及獲取新鮮食物的好方法。」

黃清麗（大大）、黃清媚（小小）

現住城市／國家：中國廣州
現職：素食節目製片人和主持人，包括純素公益片《Beyond 24》和純素節目《吃貨覺醒》。微信公眾號"大小素life"創辦人。

您成為純素者多少年？

兩年。決心定下後，很自然的就進入了狀態，第一個星期完全接受了吃純素。

您為什麼成為純素食者？

2014年5月，清媚長了滿臉的痘痘，接近毀容的狀況，三個月尋醫無效。清麗則在8月份身體檢查得知因免疫力下降得了血管炎。於是我們在8月27日開始素食，之後我們的症狀獲得很大的改變，這效果是我們預想不到的，但事實就是這樣。從那時開始對素食產生了很大的好奇，也愈來愈感受素食是一種環保、健康、新潮的生活方式。

當您茹素後，有否遇到任何障礙？

一開始家人擔心會否營養不良，但素食後，每天都吃得很不錯，清媚更胖了10斤。起初素食時，我們也跟大家對素食有同樣的疑惑，素食首一年，我們進行了三次體檢，完全沒問題。現在，也在學習怎麼吃純素，同時也在研究怎樣吃得更健康。在這個過程中發現，現在很多人連一日三餐都無法保證，在他們的生活裏就是吃快餐，我們覺得該留點時間給一日三餐，若吃飯也無法安排妥當，那又該如何安排自己的人生呢？

您的家人及身邊的朋友也是純素者或素食者嗎？他們有沒有受您的影響，又或因您的習慣和行為而開始茹素？

現在，很多朋友都是素食者。有些朋友也會受我們的影響，開始成為素食者，看到我們在生活上的點滴改變、心態轉變而願意嘗試素食。

您最喜歡什麼食物？

素蛋糕及各種素高湯，我們很愛喝湯。還有五顏六色的蔬果沙律。

您最喜歡什麼飲品？

百香果檸檬汁、椰子水、豆奶。

您能分享任何喜愛的食譜嗎？

由於早上需要大量纖維進行排毒，所以每天早上喝檸檬汁、蔬果汁排毒。最喜歡的蔬果汁搭配是紅菜頭半個、香蕉兩條、蘋果一個、菠菜200克、梨一個、薑數片，打成汁飲用。

有時早上喜歡燉各種豆湯，就是南方人說的八寶粥，但我們不放白米，豆類預早一晚浸泡，泡過的豆更富營養。番茄馬鈴薯湯、沙律等也喜歡，沙律有紅、黃及青椒絲、粟米粒、青瓜絲、紅蘿蔔絲、烤香的杏仁，灑入1/4個檸檬汁及少許胡椒碎。

您認為全世界哪個城市最適合素食朋友？

素食的環境需要自己創造的。

有何與純素有關的事讓你最感自豪？

這是個人的生活選擇，每個人的人生觀及價值觀都不同，觀念到哪就做到哪，這是我們作為地球公民應該做的事，不存在是否自豪、驕傲、優越等問題。如果真的要說一件感到自豪的事情——就是自己的改變。素食後，個人更懂得圓融處理生活上的問題，思路更加清晰，性格沒以前那麼急躁，當我們懂得如何排序時，處理事情也變得更簡單了。

您踏出茹素第一步的心得是什麼？

吃素最大的心得是習性的改變。我們更崇尚簡單健康自然的生活，很多生活習慣都改變了，例如以前我們兩姐妹都是購物狂，瘋狂地購買奢侈品，很在乎外表。素食後，個人變得簡樸、更真實了，更重視內在的改變，這就是我們個人習性的改變。

純素感言

「茹素後，心情是最大的改變。素食環境是最難的障礙，尤其在中國。我們現在的年紀未婚未孕，茹素總讓身邊的家人和朋友擔心，怕營養不夠，他們想盡辦法勸阻，卻又想尊重我們，他們的關心和擔心，我們感恩又內疚。茹素後，他們看到我們的變化，特別是比以前平和的心態、不急不躁的情緒，讓他們印象最深刻。對自己來說，最大的體會是素食讓人心靜、不浮躁，精神世界更飽滿，容易找到方向，不易感到孤單無助。以前工作時常常出現不安無助的感覺，很難控制自己；現在於這種浮躁的社會裏，素食讓我們找到屬於自己的一片淨土，每天都活得樂呵呵！」

Dr. Pam Popper

現住城市 / 國家：美國俄亥俄州 Columbus

現職：Wellness Forum Health 始創人和執行董事

背景：作為自然療法者，為醫療人員及病患者提供保健和醫療的知識，包括診斷、藥物和另類治療方法（如飲食）。她也是華盛頓 Physician's Steering Committee 及 Physicians' Committee for Responsible Medicine 董事會委員。另外，在 eCornell 負責教授以植物為基礎的營養認證課程。她多次出現於有名的紀錄片，包括《Processed People and Making a Killing》及在 2011 年風行北美院線的《Forks Over Knives》。著作方面，她有合著的《Forks Over Knives》（在紐約時報暢銷書排行榜佔據了 66 週），最近的作品是《Food Over Medicine: The Conversation That Can Save Your Life》。

您成為純素者多少年？

十一年。當中花了八年時間，是一個意外的決定。

您為什麼成為純素食者？

38 歲那年，我嚴重超重，又常常感到疲倦，如此難看的我實在太討厭了，所以決定改變飲食習慣和生活方式。我從不愛吃奶製品、雞肉或牛肉，所以過程易如反掌。我繼續改變飲食習慣，自不吃肉後長期吃魚。直至有一天，我發現原來沒吃魚已一段時間，恍然覺得吃魚也不太重要。46 歲那年，即八年後，我終於成為純素者，改變我的一生。

當您茹素後，有否遇到任何障礙？

純素不難。我不計較別人的閒言閒語，所以沒有什麼難度。如果你認為很難，那麼事情就會很困難，這是源於心態的問題。我們總是為自己添來麻煩，這是自戀的一種形式，認為大家都在擔心自己吃什麼！

當我開始成立 Wellness Forum Health 前，我從事市場營銷，學會了決定實行事情的重要性，所以我要決定自己的飲食方法及教導別人的方法。我覺得每個人應細閱 Kelly Turner 博士撰寫的《Radical Remission》，講述晚期癌症患者如何生存，決定了繼續生存，他們以後所做的一切正正引領他們往後的路。我認為可從他們身上獲益良多，包括堅強的意志。當你願意做，事情更容易辦到。

您的家人及身邊的朋友也是純素者或素食者嗎？他們有沒有受您的影響，又或因您的習慣和行為而開始茹素？

我爸爸和一些朋友，但也有很多未能影響的，包括母親，她由於不良的飲食、生活習慣及錯誤的醫療決定引致死亡。我爸爸已八十四歲，飲食習慣一向不差，但吃了足夠的脂肪和肉類，令他患有冠狀動脈疾病。他是一個很好的例子，原本以為吃得很健康，其實不然。對於其他人，我覺得不能老是抱着一種教育式的心態跟他們溝通，盡量不在談話中提起茹素，當朋友來我家，我只會煮純素食物，藉此介紹朋友以植物為主的素食。每次大家都將美食全掃清光，有些人更吃不停口。

您最喜歡什麼食物？

真的很多，包括甜薯和南瓜。有些食物我沒想過會愛上，例如以前很討厭甜菜頭，也許因為煮得不好，媽媽準備的那些罐裝甜菜頭總是有點怪。我喜歡變化萬千的蔬菜，大家認為以植物為主的飲食習慣有很多限制，實際上剛好相反，過去我的飲食很單調，現在卻有不少選擇。

您最喜歡什麼飲品？

因我經常做運動，所以會喝大量的水，這是我的第一選擇。在寒冷的天氣下，我喜歡喝暖暖的草本茶，也喜歡醇酒，但因酒對健康不好，不會喝太多；酒精會增加女性雌激素水平，降低男性睾酮水平。

您能分享任何喜愛的食譜嗎？

我推介 Del 的食譜，在第四章可以參考得到。

您認為全世界哪個城市最適合素食朋友？

美國紐約。當我的書《Food Over Medicine》出版時，我和拍檔 Del 正在紐約，周圍有不少好吃的地方，在紐約簡直是由早吃到晚！

如果你希望吃純素，很多城市都可配合得到。記得有一年，我在得克薩斯州 Marshall 出席座談會，這個小市鎮連機場都沒有，IHOP 是酒店附近唯一的選擇，女侍應對純素一無所知，但問了廚師後回來時，卻給我端了賣相不錯的沙律、墨西哥餅配蘑菇及蔬菜。雖然説不上絕世美食，但也很不錯。我能在 IHOP 連鎖店嘗到純素，夫復何求？

有何與純素有關的事讓你最感自豪？

《Forks Over Knives》。在電影製作中，我現身説法解釋純素飲食，也是研究編輯，負責檢查記錄片所有訊息。隨後，我與同伴合著了同名書籍。這套電影對大眾有莫大的感染力，我絕對感到自豪！

您踏出茹素第一步的心得是什麼？

決定做就實踐吧！人人都很害怕新嘗試，其實並不難。不少機構可提供過渡純素的貼士，無數網上知識和書籍也能助大家一臂之力。至於多數人認為遇到的難度——食譜，更加不存在。我們未必能做出數以百計的菜式，經常做的通常只有六至八道菜，你只需要數個食譜就行了。選擇數款你喜歡的菜式，配以健康的煮法，再挑選三至四個或以上有趣的食譜嘗試，這已經是個好開始。

純素感言

「我很高興找到純素的飲食方式。我熱愛工作，不過最好的禮物是在五十八歲之年仍然健康！我更感恩，我比年輕時更健康，這是美好的生活方式！現在我的皮膚更好，身體更健美，甚至比我年輕時擁有更多能量。」

周兆祥博士 Dr. Simon Chau

現住城市／國家：香港

現職：綠野林 Greenwoods Raw Cafe 老闆

背景：1977年開始在香港推廣綠色運動，編著及出版了二百多本書籍。除了「綠野林」外，還創辦了「綠田園基金」。現任香港食生會主席，也是身心靈平台發起人。

您成為純素者多少年？

吃素三十年，完全純素及食生則五年。花了一星期成功食素，再過二十六年才放棄蛋奶。

您為什麼成為純素食者？

慈悲、健康、簡單方便。

當您茹素後，有否遇到任何障礙？

一些社交適應的困難，用愛心和耐性解決。

您的家人及身邊的朋友也是純素者或素食者嗎？他們有沒有受您的影響，又或因您的習慣和行為而開始茹素？

家人和身邊的親友紛紛在幾年之後轉吃素了。

您最喜歡什麼食物？

水果，包括香蕉、椰子、榴槤、火龍果、牛油果、柿子。

您最喜歡什麼飲品？

椰青水。

您能分享任何喜愛的食譜嗎？

綠果菜露（green smoothie），以綠葉菜為主，輔以其他植物食材，通常用三數種食材混合製造，不經加熱，只用攪拌機加清水液化而成的濃液。基本上選你愛吃的綠葉菜和水果各一款，份量相等。初嘗試時使用60%水果、40%綠葉菜；以後可改為各50%，口味習慣之後，可長期以60%綠葉菜、40%水果為標準，加清水攪拌；亦可考慮增加一些水果或乾果調味，可參考以下例子：

芥蘭 ＋ 香蕉 ＋ 水

菠菜＋ 芒果 ＋ 水

莧菜 ＋ 菠蘿/番石榴/熱情果＋ 水

蘿蔔葉/紅菜頭葉 ＋ 蘋果/雪梨 ＋ 水

生菜 ＋ 西瓜 ＋ 芽菜 ＋ 水

西蘭花 ＋ 椰肉 ＋ 椰青水

您認為全世界哪個城市最適合素食朋友？

東南亞的市鎮，例如檳城、曼谷。

有何與純素有關的事讓你最感自豪？

食生後約十八個月，忽然覺得毋須再戀棧食生版的美食，直接吃原狀的水果青菜更滿足。

您踏出茹素第一步的心得是什麼？

有信心、憑着愛、多了解、感恩。

純素感言

「食素好好，食生更好多倍。真正回歸自然，生命馬上升越新境界。」

Eriyah Flynn

現住城市／國家：美國俄亥俄州 Columbus
現職：Vegan Shift 始創人
背景：20 多年來接觸軍事服務的發展（光榮退役的美國空軍退伍軍人），在公共部門和私營部門擔任領導者的角色。她廣泛閱讀、教育，在不同的組織進行義工服務（包括動物權利、環境保護和社會正義），以及參與生活辯論等。

您成為純素者多少年？

自 2000 年以來我成為素食者，現在超過十六年了。在 1995 年或 1996 年，我開始有所覺悟，當時的我已婚，將自己標籤為「動物愛護者」。我當時看到大部分人不合理和不合邏輯地對待動物——對寵物説愛牠們、對野生動物説尊重，但另一方面卻購買和支持無數動物產品（包括肉類、皮草、羊毛等服飾、馬戲班娛樂事業，甚至用動物為實驗品）。即使在美國的動物庇護所，因沒足夠的領養者，每年有約四百萬隻寵物被殺。當我認知許多不合邏輯和無理的事實後，我更堅定不移，希望可以改變社會，保護地球所有生物。

您為什麼成為純素食者？

當我完全意識到數十億土地及海洋的動物，如何被無止境的繁殖、圍困、侵犯、折磨、虐待及被屠宰成為我們食物鏈的一部分，我深感不安。95％美國人認為動物不應受到不必要的傷害，可是卻有 95％美國人一直購買動物產品，一直傷害動物。現今的西方文明以自我為中心，所做的甚至徹底違反道德，呈現可悲的現實。試想想，若我們相信「不傷害、不虐待、不壓迫、不奴役、不侮辱、不折磨、不殺死任何生物或人類」，世界必更美好。人類必須醒覺，Vegan Shift 兼負重任助世人達成目標。

當您茹素後，有否遇到任何障礙？

我覺得最大的障礙有兩個，首先是克服自身內心的恐懼和情感。我記得曾想過：「要犧牲這麼多喜歡的食物，我還能生存嗎？」很難想像不可再吃母親自製的烤寬條麵、意大利肉丸香腸意粉、朱古力曲奇、芝士蛋糕，還有嫲嫲的木薯布丁等。其實我一直對純素食物和代替品一概不知，發現以前的飲食模式相當沉悶，從不知道有更豐富的選擇。我的素食旅程由印度菜開始，由於印度的素食文化根深蒂固，菜式雲集了多元化的異國香料和以植物為主的美食。隨着時間久了，我發現更多替代品，甚至可搜羅比之前更好的選擇和食譜，加上愈來愈多餐廳提供茹素的選擇，我能吃的實在源源不絕。其他鮮為人知的事實是，我們的口味已和道德標準緊密連貫，意味着持續發展、和平及健康。

第二個障礙是我面對着朋友、家人、同事、同學及隊友的批判，他們以無知的態度表達冷漠、歧視、騷擾、對立等行為，令我掙扎不已。直至我接觸了現有的純素者社群和支持配套，懂得如何以此價值觀好好地生活。

您的家人及身邊的朋友也是純素者或素食者嗎？他們有沒有受您的影響，又或因您的習慣和行為而開始茹素？

有，我的母親也成為純素者，不少朋友亦如是。最棒的是不斷有人對我説已成為純素者，那是最美的因為純素生活方式就是愛的表現。純素的愛不只是為自己或動物，還有對地球所有生物的大愛及公義。

您最喜歡什麼食物？

芒果。如果我的餘生只可吃一樣食物，就是它。

您最喜歡什麼飲品？

香蕉、紅棗、合桃，亞麻籽、生可可、綠茶和啤酒酵母製成的沙冰。

您能分享任何喜愛的食譜嗎？

有兩款既簡單又快捷，而且健康美味的食譜想分享。無論你在任何地方，它們都可滿足你純素的食欲。

香蕉曲奇

材料：

有機熟香蕉 3 條

全麥有機燕麥 2 杯

堅果（合桃、山核桃和杏仁等）1 杯

乾果（小紅莓、藍莓、葡萄乾和櫻桃等）半杯

做法：

香蕉去皮，放於碗內攪至順滑，加入其餘材料攪拌，放在 175℃焗爐焗 20 分鐘即可。

香菇意大利米仔粉

材料：

意大利米仔粉（orzo pasta）半磅（或 8 安士）

新鮮冬菇 12 朵（中至大型）

松子半杯

鮮韭菜 1/4 杯（切成 1 吋長）

Earth Balance 純素牛油

橄欖油或蔬菜湯 3 湯匙

喜馬拉雅鹽

新鮮辣椒

做法：

1. 按照包裝上説明烹調意大利米仔粉至熟；冬菇切片；韭菜切段。
2. 將一湯匙冬菇用純素牛油、橄欖油或蔬菜湯以中火炒 3 至 4 分鐘，加入鹽和胡椒調味，加入松子輕拌約 2 分鐘。
3. 將意大利米仔粉隔水，將所有材料在平底鍋或大碗內攪拌即可。若平底鍋許可的話，可先放入冬菇、松子和意大利米仔粉攪拌，再加入餘下的油或湯，灑入鹽和胡椒調味，最後加入韭菜，以新鮮韭菜裝飾，15 分鐘即完成。

您認為全世界哪個城市最適合素食朋友？
洛杉磯。

有何與純素有關的事讓你最感自豪？
成立 Vegan Shift。

您踏出茹素第一步的心得是什麼？
首先，謝謝你對地球的珍惜及照顧，憑這態度足以使你繼續改變，令地球生存下去。其次，你要好好照顧自己，健康就是財富，足以鼓勵更多純素者以愛、力量和美味健康的素食連繫社區感染大家，支持設施建設。

純素感言

「將對弱勢社群被欺壓的悲憤化為正面能量，找方法停止這些不平。關鍵是一旦立志成為純素者，與其他素食者交流和聯繫時，你同時也在學習在非純素的環境下茁壯成長。加入Facebook、Meetup、Instagram、Twitter 等群組，認識純素者，他們會帶給你安全感和無數的知識。」

伍月霖 Shara Ng

現住城市／國家：香港

現職：星期一無肉日（Meat Free Monday）創辦人

背景：多年來一直以個人名義參與以愛護動物為主的義務工作，2008年開始與志同道合的朋友，於工餘時間推廣素食，更在香港推廣純素食成立香港蔬食協會、香港無肉日等義務團體。2009年開始推動星期一無肉日，至現在已超過六年，支持本地素食餐飲業，舉辦活動超過300次，吸引海外與本地超過2,700位愛好環保、健康人士一起推動純素食，人數還不斷增加。最近更出版雜誌介紹本地與亞洲純素食風貌。

您成為純素者多少年？

成為純素食者超過九年。

您為什麼成為純素食者？

因愛好靈修的緣故，20多年前成為奶素食者，多年來世界知識及資訊通過互聯網得到廣泛流通，發現奶類食品對大自然多方面的傷害，並不低於肉類，為了地球資源能好好延續、為了讓我們世世代代可享用天然資源，對個人而言，只是放棄享用牛奶，就決定選擇純素。

從肉食成為奶素食者，已經是二十多年前的事，當時香港的素食館不多，素食食材更是稀有，從奶素食變為純素食者需要差不多半年時間，過渡期比較長，原因是當年本地市場還未有代替品供應。可是今天卻不一樣，看看本地市場的純素食材種類很多，若肉食者要成為純素食者，馬上就可以做得到。

當您茹素後，有否遇到任何障礙？

當時很多身邊的朋友對自己的改變有點意見，變得有點隔膜。幸而當時的朋友不多，對於不尊重我個人選擇的朋友只有放棄。與非素食者一起吃飯會有些不方便，但很多人都懂得互相尊重，而且現在我身邊反而有很多朋友，當中大部分是純素食者，生活圈子不一樣了。父母當年不贊成，唯有自己默默地透過全世界的網絡尋找食材，學習營養知識，讓自己過得更充實。

您的家人及身邊的朋友也是純素者或素食者嗎？他們有沒有受您的影響，又或因您的習慣和行為而開始茹素？

現在我的家人和朋友很多都是純素食者，多少因我的影響，他們看到我在各方面的正面改變，紛紛轉向素食，從而獲得很多益處。

您最喜歡什麼食物？

沒有什麼特別，隨着不同時間，自己會有不同的喜好。

您最喜歡什麼飲品？

新鮮果汁。

您能分享任何喜愛的食譜嗎？

讓我介紹涼拌豆腐，材料有豆腐兩塊（超級市場盒裝豆腐不適用）、葱粒三湯匙、鹽一茶匙、糖一茶匙、麻油一茶匙。將豆腐放入水煮滾約三分鐘，盛在筲箕待十五分鐘讓水分流走。所有調味料和葱粒拌勻，加入豆腐攪拌，上碟即可。

您認為全世界哪個城市最適合素食朋友？

泰國，因為水果特別多。

有何與純素有關的事讓你最感自豪？

二十多年前，當時很多人對素食都存有誤解，然而外國對素食的概念已有很多年歷史，有很多嘉年華會的素食活動、素食雜誌，而香港還是一遍沙漠。經過多年的渴望，終於在本土一一實現，而我一直有參與並策劃這些項目，能與其他團體合作無間，從首次的香港素食嘉年華舉辦了純素食活動，跟上國際對素食的標準，緊隨日本領先其他東南亞國家。此外，還出版了首本中英文雙語素食雜誌。最令自己驕傲的是我的身體明顯比其他同年齡肉食的朋友好得多，現在她們的共同話題環繞着身體檢查與醫療方面，我就沒此需要了。

您踏出茹素第一步的心得是什麼？

每個人作出任何生活上的改變，必須首先清楚了解自己為何要改變，當下定決心後，有一份肯定的思想最重要。現今選擇茹素的話，比以前容易得多，大部分具規模的餐廳已加入不少純素菜式，而且純素食材也不難買到，相信為自己而活才擁有精彩的人生。

純素感言

「大家工作時間長、休息時間少，有空餘時間的話，應好好利用為自己、為下一代打算，能夠對地球發生的事情感到關心，身體力行，讓自己付出一點責任，就像很多香港無肉日活動的參加者，很自然步入素食者的行列。」

小帕 Angie P.

現住城市／國家：香港

現職：寫作人、監製、導演、健身教練

背景：微電影《新起點》和紀錄片《Beyond 24》的編劇和導演；電影《愛．打卡》監製和演員；人氣急升的純素平台《V Girls Club》創辦人；綠星級環保大使 2015。

您成為純素者多少年？

七年。從 2009 年 3 月底開始我完全放棄了肉類，但還吃一點海鮮和雞蛋。在同年 4 月，我成為蛋奶素食者，不足一個月變為純素者。當我對飲食、健康、動物和環境之間的關係有一定的了解後，選擇純素生活是理所當然的。

您為什麼成為純素食者？

當你細閱第一章「真人真事。我的抗癌故事」，就知道我剛開始吃純素是為了逃避手術、電療和化療。後來看了美國紀錄片《Earthlings》，完全改變了我對動物和肉食的態度，我從此不再回頭。除了《Earthlings》外，這幾年也看了其他令人震驚、大開眼界的紀錄片，如《The Cove》、《Food Inc》、《Forks Over Knives》、《Healing Cancer》、《Cowspiracy》、《Planeat》、《Vegucated》、《Racing Extinction》等。愈看愈感到每種動物都很有靈性，而我亦開始質疑人類對生命的尊重。這一年來我經常在佛教的道場禪修、靜坐和出坡（做義工），受師父教導，加深我對慈悲心和恭敬心的體會和修行，令我對零殘忍的生活方式更堅定不移。

當您茹素後，有否遇到任何障礙？

障礙蠻多的，尤其在香港。雖然這幾年素食開始普及，但還是比外國落後。話雖如此，我很感恩傳媒朋友如《Baccarat Magazine》、《大日子》和《OpenRice 開飯喇》一直提供平台給我分享純素的事物，也感謝各方好友支持我的多項純素電影和視頻項目。正如魯迅所說：「愈艱難，就愈要做。改革，是向來沒有一帆風順的。」只要鎖定方向，加上毅力和定力，沒有什麼障礙不能解決。

您的家人及身邊的朋友也是純素者或素食者嗎？他們有沒有受您的影響，又或因您的習慣和行為而開始茹素？

身邊的朋友紛紛在這幾年間吃素。最近，媽媽也開始轉為純素者，還沒完全吃素的親人，也相繼大量地減少肉類、海鮮和加工食物。他們吃素的原因各有特色，有減肥的、有降低膽固醇的、有醫治血管炎的、有改善皮膚的，也有想積陰德和減低暴躁脾氣。

您最喜歡什麼食物？

太多了！牛油果、蘆筍、栗子、芒果、椰子、荔枝、龍眼、香蕉、素廣東點心及黑朱古力等。

您最喜歡什麼飲品？

水和椰子水。

您能分享任何喜愛的食譜嗎？

雜莓冰沙，這是我每天的早餐。在第四章的純素食譜可分享我的食譜。

您認為全世界哪個城市最適合素食朋友？

美國紐約。我愛這個城市，因最少有六十家純素餐廳，一般餐廳和商店也有很多純素食品和產品，真真正正的去到哪裏吃到哪裏。

有何與純素有關的事讓你最感自豪？

用純素食的方式逆轉癌症，這決定永遠改變了我的生命和人生觀。雖然我因這個新信念而失去或放棄了身邊的一些工作機會和朋友，但也因此開拓了我的小宇宙。另外，我也對自己的健康、皮膚和體型感到自豪，我比同年齡或年紀小的人病痛少、皮膚滑、體力好。

您踏出茹素第一步的心得是什麼？

Just do it！反對的聲音一定有，因為純素還不是主流文化，不要輕易放棄。如果 J.K. Rowling 不相信自己，這世界可能沒有 Harry Potter；如果 Walt Disney 沒有正能量，Disneyland 也不會存在。

純素感言

「什麼對自己好的就只有你自己最清楚，嘗過純素生活對身體、精神、心靈和錢包的好處後，別人的反對聲音已不重要。你不需要做任何游說，也不需要辯駁，身邊的人看到你的轉變，會慢慢對你的決定改觀。你喜歡綠色，他們喜歡黑色，各有所好，毋須強求。說不定有天他們終會感受到綠色的美好，開始跟你走同一條路。」

[在家的純素 BBQ。]

[顏色繽粉的午餐盒。]

Chapter Four

10分鐘。純素食譜體驗

食物是一個社會文化，也是一個溝通渠道。吃得開心要公諸同好，我在這裏跟大家分享自己和世界各地純素朋友的健康食譜。撰寫食譜是一件很頭疼的事，因我本身是看到什麼就想做什麼的人，下廚時也不會量度份量，以下的食譜大部分是偶然地做出來，我盡自己所能寫下份量和做法，希望大家分享到這份隨意的美麗。

其實，我有很多愛做的菜式和點心跟大家分享，但書內邀請了不同的大廚和純素專家分享食譜，我也不想重複累贅。今次我挑選的食譜，特別為繁忙的香港人而設，尤其適合單身一族和小家庭，只需預備簡單的食材、食物攪拌機、電飯煲等小家電，花10分鐘可享受美味可口的純素食品，大家不妨動手試試吧！

材料：

腰果	半杯
番茄	3 個
檸檬汁	2 湯匙
楓樹糖漿或龍舌蘭糖漿	1 湯匙
鹽	2 茶匙

做法：

1. 腰果洗淨；番茄切粒。
2. 腰果放入食物攪拌機打至粉狀，加入其他材料打成醬，放入容器冷藏備用。
3. 加入自己喜愛的蔬菜水果沙律，是一道很豐富的午餐或晚餐。

純素 Q&A 懷孕的媽媽、嬰兒、兒童可以吃素嗎？

營養均衡的純素食是很健康的，可以提供充足的營養，並幫助防治慢性病。美國營養師協會是全世界最大的營養師組織，多年前發佈了一項關於素食的立場性文件，解說所有年齡和生理階段的人群，包括孕婦、哺乳期婦女、嬰兒、兒童、運動員等都適合吃素。我自己也認識幾位素媽媽和素寶寶，他們都聰明健康。

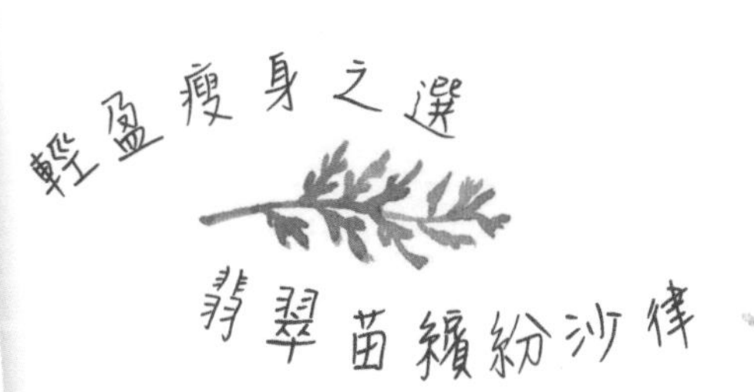

材料：

翡翠苗	適量
硬豆腐	1 件
紅菜頭	半個
木瓜	1 片
提子	適量
藍莓	適量
純素沙律醬	少許

做法：

1. 整塊硬豆腐加入氨基酸醬油 (amino acid) 或 teriyaki 醬，放在鍋內煎至金黃色，切片。
2. 紅菜頭及木瓜切粒。
3. 伴自己喜愛的純素沙律醬或 p.120 千島汁享用。

快速營養西湯

南瓜湯

材料：

南瓜	400 克
腰果	80 克
水	800 毫升

做法：

1. 南瓜去皮、去籽，切小塊，蒸熟備用。
2. 依次序將南瓜、腰果及水放入食物攪拌機，以高速打至濃湯狀（約 2 分鐘）即可。

輕便惹味湯飲

泰式紫薯湯

材料：

紫薯或番薯	450 克
泰式紅咖喱醬	1 湯匙
蔬菜湯	500 毫升
椰子奶	500 毫升

做法：

1. 紫薯蒸熟，切塊；或在外購買烤番薯使用。
2. 紫薯及紅咖喱醬放入鍋內，用小火略炒，加入蔬菜湯和椰子奶煮至沸騰。
3. 將所有材料放入食物處理機或攪拌機打至滑，約 1 至 2 分鐘即可。

Vegan Tips ......

蔬菜湯 (vegetable stock) 在各大超市有售。

材料：

芒果	1 個
唐生菜或羅馬生菜	數片
翡翠苗	適量
素牛排	1 塊
牛油果醬或牛油果	1/4 個
Pita 餅或 Tortilla 餅	適量

做法：

1. 芒果切條；素牛排煎熟，切條。
2. 所有材料放在餅皮上，按個人喜好加入牛油果醬或牛油果，將餅皮兩邊往中間摺入，捲起享用。

Vegan Tips ......

- 可選用 Just Mayo 純素沙律醬（百佳、International 超市等有售）或 Plamil Egg Free Mayo 純素沙律醬 （citysuper 有售）。
- 食材配搭無限，鷹嘴豆泥、紅燈籠椒、番茄、青瓜、沙律雜菜也是不錯之選擇。你也可試試莎莎醬、蘆筍、蘿蔔絲、生菜、柚子及番薯等，以你喜愛的食材加添創意。

隨身帶早餐

紅莓核桃麵包

材料：

高筋麵粉	2 杯
中筋麵粉	2 湯匙
豆奶	8 安士
原糖	1 1/2 湯匙
鹽	1 茶匙
橄欖油	1 1/2 湯匙
乾酵母	1 1/2 茶匙
紅莓乾或提子乾	適量
核桃碎	適量

做法：

1. 將所有的材料放入家庭麵包機，按説明書基本麵包的製造方法，選用快速烤烘，大約 3 小時即有新鮮麵包出爐。
2. 若想加入紅莓乾或核桃碎，在麵包機第一次發酵完成後（約半小時），隨意灑入麵包機內，會自動攪拌和烤烘。

Vegan Tips ......

這款麵包選用 Zojirushi mini 家庭麵包機製作。

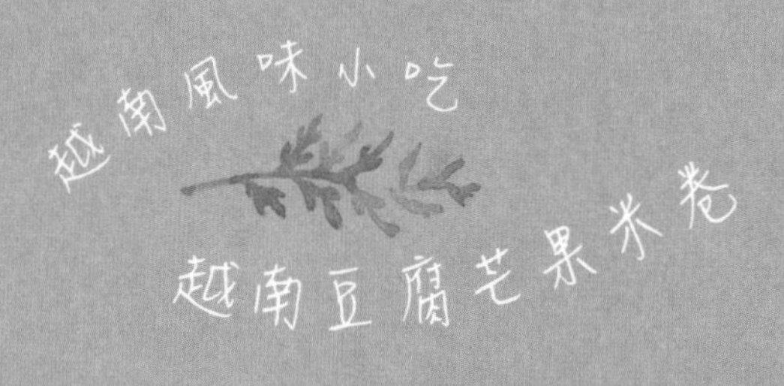

材料：

硬豆腐	1盒
芒果	2個
紅菜頭	1個
翡翠苗	少許
越式米紙	3張
氨基酸醬油 (amino acid) 或低鹽豉油	適量
素食沙爹醬	2湯匙
花生醬	2湯匙

做法：

1. 豆腐切條，加入 amino acid，放在鍋內煎至金黃色。
2. 芒果及紅菜頭切條。
3. 素食沙爹醬及花生醬在鍋內稍加熱，拌勻備用。
4. 越式米紙快速放在暖水5秒，待軟後取出放在大盤上。
5. 將所有材料鋪在米紙上，包成春卷狀，蘸沙爹花生醬享用。

紅莓核桃麵包 （做法見 p.125）	2 片
硬豆腐	1 件
羅馬生菜	數片
牛油果	數片或半個
無蛋奶沙律醬	少許

做法：

1. 將整塊硬豆腐加入氨基酸醬油 (amino acid) 或 teriyaki 醬，放在鍋內煎至金黃色，切片。
2. 其他材料工整地切好，鋪在麵包上，擠上無蛋奶沙律醬，簡單方便。

Vegan Tips ......

無蛋奶沙律醬（如 Hampton Creek 的 Just Mayo 或 Plamil 的 Egg Free Mayo）可在 citysuper、Great Food Hall 或其他素食店購買。

秀味營養晚餐

椰汁蔬菜

材料：

紅蘿蔔	半個	鮮冬菇	數朵
芋頭	半個	水	適量
南瓜	半個	鹽	適量
紅甜椒	半個	椰汁	1 小罐（165 毫升）

做法：

1. 所有蔬菜切成塊狀，放入鍋內，加水煮約 8 分鐘（水的份量剛蓋過材料即可）。
2. 拌入椰汁再煮 1 至 2 分鐘，按個人喜好灑入少許鹽調味。

清新甜美蔬食

生菜包

材料：

紅甜椒	半個	生菜	1個
黃甜椒	半個	甜麵醬	適量
豆角	適量	水	3湯匙
素滷肉	適量		

做法：

1. 所有蔬菜（生菜除外）切粒。
2. 紅甜椒、黃甜椒、豆角及素滷肉放進鍋內，用少許水（代替油）炒香。素滷肉已有調味料，可按個人喜好加一點鹽或素食蠔油調味。
3. 在生菜葉塗上甜麵醬，放上素滷肉雜菜粒，略捲即可進食。

餐桌素食亮點

番茄醬紅米意大利粉

材料：

番茄	2 個	硬豆腐或素雞肉	數件
番茄醬	1 瓶	露筍	適量
紅米或糙米意大利粉	適量	青瓜	數片

做法：

1. 意大利粉依包裝的指示時間煮熟，瀝乾，盛於碟內。
2. 硬豆腐或素雞肉切條，加入氨基酸醬油 (amino acid) 在鍋內煎至金黃色。
3. 番茄洗淨及切件，放入鍋內與番茄醬加熱。
4. 硬豆腐或素雞肉排在意粉上，淋上番茄醬，以露筍及青瓜伴碟。

意粉最佳拍檔

意式白汁螺絲粉

材料：

腰果	半杯
鹽	適量
水	1杯

做法：

1. 腰果洗淨，將所有材料放進食物攪拌機打至軟滑漿狀。
2. 加上已煮熟的螺絲粉、藜麥或自己喜愛的蔬菜，成為一道很豐富的午餐或晚餐。

Vegan Tips ......

- 打成腰果醬後，可根據需要加添水調稀白汁，或拌入生粉調濃一點。
- 若喜歡喝腰果奶，建議加數杯水拌勻即可，水的份量可依個人喜好而定。

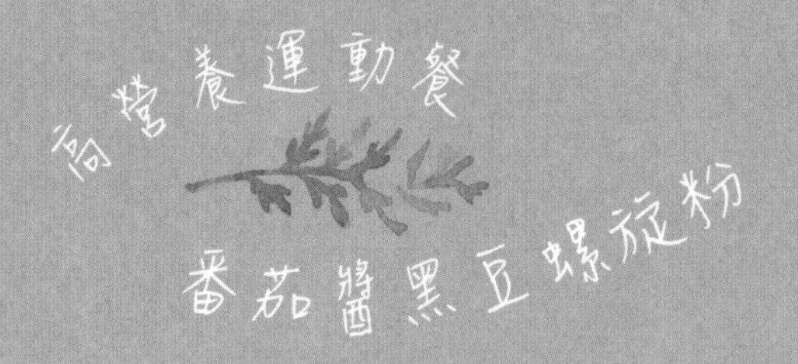

材料：

番茄	2個
洋蔥	半個
紅蘿蔔	半個
菠菜	適量
番茄醬	1瓶
黑豆螺旋粉	適量
發芽蕎麥或松子	適量

做法：

1. 黑豆螺旋粉依包裝指示的時間煮熟，瀝乾，盛於碟內。
2. 番茄、洋蔥、紅蘿蔔、菠菜切碎，備用。
3. 將蔬菜材料及番茄醬在鍋內加熱，淋在螺旋粉上，最後灑上發芽蕎麥或松子即可。

健康早餐精選

雜莓冰沙

材料：

香蕉	1 隻	亞麻籽	1-2 茶匙
牛油果	1/4 個	豆奶或杏仁奶	300 毫升
冷藏士多啤梨	4-6 粒		
冷藏藍莓	15-20 粒		

做法：

1. 將所有材料放入食物攪拌機打至順滑，約 1 分鐘即可 。
2. 因個人需要，可加添不同種類的水果或不同份量的植物奶；或用水代替植物奶。

Vegan Tips ......

- 若你不喜歡喝太冷的話，毋須將水果冷藏於冰格內。

材料：

鷹嘴豆	40 克
眉豆	40 克
馬豆	20 克
水	900 毫升

做法：

1. 三款豆用水浸 1 小時，蒸熟（約 10 至 15 分鐘）。
2. 將所有豆及水放入食物攪拌機，以高速打至順滑。

Vegan Tips ......

若沒有可加熱的攪拌機，用豆漿機可輕易做到健康美味的豆漿。

補腦護髮健飲
黑芝麻核桃米漿

材料：

生糙米	60 克	椰子糖	20 克
黑芝麻	60 克	水	900 毫升
核桃	20 克		

做法：

將所有材料放入食物攪拌機打至順滑，約 6 分鐘即可。

材料：

黃豆	100 克
水	900 毫升

做法：

1. 黃豆預早一晚用水浸 8 小時，蒸熟（約 10 至 15 分鐘）。
2. 黃豆及水放入食物攪拌機，以高速打至順滑。

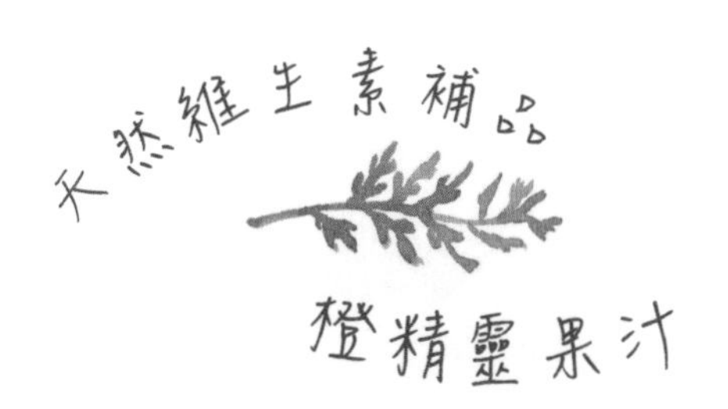

材料：

橙	1個
蘋果	1個
紅蘿蔔	半個
薑	3-4片
水	300毫升

做法：

將所有材料放入食物攪拌機打至順滑（水最後加入），約1分鐘即可。

聽說很多病人不適合喝果汁？

我不太同意，可能只是說得不清楚。蔬果果汁、蔬果昔是好的，但那些用慢磨機打的，把渣隔開了的會容易引致血糖飆升。當然也不應該吃或喝太多甜的水果，最好是蔬菜水果，不只是用水果打果汁。

鮮艷奪目之選
紅精靈果汁

材料：

紅菜頭	1 個
蘋果	1 個
青瓜	1 小條
新鮮菠蘿	2 片
水	400 毫升

做法：

將所有材料放入食物攪拌機打至順滑（水最後加入），約 1 分鐘即可。

材料：

紅棗	10 粒
老薑	20 克
原糖	25 克
水	1 公升

做法：

1. 紅棗洗淨，去核。
2. 將所有材料放入食物攪拌機打至順滑（水最後加入），約 2 分鐘即可。

材料：

椰漿	4 湯匙
奇異籽	2 湯匙
士多啤梨	數粒
香蕉	1 隻
藍莓	少許
水	少許

做法：

1. 椰漿 2 湯匙和奇異籽 1 湯匙拌勻備用，餘下的椰漿及奇異籽做法相同，做成兩份，待奇異籽慢慢發脹至布丁狀態。
2. 將士多啤梨、香蕉及水依次放入食物攪拌機打至順滑，約 1 分鐘即可。
3. 將果昔加入其中一份拌好的奇異籽，拌至色澤均勻。
4. 將果昔及椰漿奇異籽一層層相間地倒進杯內，加上藍莓、其他水果和果仁裝飾即可。

Vegan Tips ......

根據個人喜好，可用不同的蔬菜水果做成多層顏色效果，如杞子、奇異果等。

消暑甜品首選

哈蜜瓜軟雪糕

材料：

哈蜜瓜	900 克
水	20-50 毫升

做法：

1. 哈密瓜切成小塊，置於扁平的盒內，放進冰格冷凍 24 小時。
2. 將凍結的哈密瓜及水放入食物攪拌機，以高速打至軟滑漿狀（水可因應情況加減）。

材料：

香蕉	900 克
杏仁	30 克
純素朱古力醬	1 湯匙
水	20-50 毫升

做法：

1. 香蕉去皮，切成小塊，置於扁平的盒內，放進冰格冷凍 24 小時。
2. 將凍結的香蕉及水放入食物攪拌機，以高速打至軟滑漿狀（水可因應情況加減）。
3. 伴純素朱古力醬及少量杏仁即成。

健營低脂甜品

枸杞奇異籽布丁

材料：

椰漿	4湯匙
奇異籽	2湯匙
杞子	適量
香蕉	1隻
水	少許

做法：

1. 椰漿2湯匙和奇異籽1湯匙拌勻備用，餘下的椰漿及奇異籽做法相同，做成兩份，待奇異籽慢慢發脹至布丁狀態。
2. 將杞子、香蕉及水依次放入食物攪拌機打至順滑，約1分鐘即可。
3. 將果昔加入其中一份拌好的奇異籽，拌至色澤均勻。
4. 將果昔及椰漿奇異籽一層層相間地倒進杯內，加上水果和果仁裝飾即可。

Vegan Tips ......

也可用椰青水、豆漿、杏仁奶或其他植物奶代替椰漿。

友人純素推介

Christoffer Persson

簡　　介：瑞典人，現居瑞典 Gothenburg，現職平面設計師、DJ、塗鴉藝術家

素食年資：蛋奶素者十一年，成為純素者七年。他是健康生活專欄作家；綠星級環保大使 2015。

脆青瓜麵配牛油果枝豆沙律

材料：

脆青瓜、紅蘿蔔、櫻桃茄、牛油果、枝豆、菠菜、豆芽、腰果、芫茜、薄荷、辣椒、芝麻（* 份量隨意）

花生醬：

花生醬 3 湯匙、薑 1 片、青檸 1 個（榨汁）、蒜頭半瓣或 1 瓣、辣椒適量、醬油 1 湯匙、楓糖漿半湯匙、芝麻油 1 茶匙、水 5 湯匙

做法：

1. 將脆青瓜放入蔬菜麵條機切成麵條狀；紅蘿蔔切絲。
2. 櫻桃茄切半；牛油果切粒。
3. 花生醬材料放入攪拌機打至順滑，按自己口味將味道調至酸、甜、鹹並重（如需要可加水）。
4. 全部材料置於大碗內，拌勻即可食用。

Vegan Tips ......

若你對花生敏感，可嘗試以芝麻醬代替。

蕎麥麵配白菜、西蘭花和花生醬

材料：

蕎麥麵、白菜、西蘭花、紅蘿蔔、韭菜（或青葱）、辣椒、水、芝麻油、醬油、青檸汁、花生碎（*份量隨意）

花生醬：

花生醬3湯匙、薑1片、青檸1個（榨汁）、蒜頭半瓣或1瓣、辣椒適量、醬油1湯匙、楓糖漿半湯匙、芝麻油1茶匙、水5湯匙

涼拌青瓜：

青瓜、甜辣醬、青檸汁、芝麻

做法：

1. 韭菜、紅蘿蔔及辣椒切好；蕎麥麵燙熟。
2. 用少許水、醬油和芝麻油炒蕎麥麵、白菜和西蘭花，盛起。
3. 花生醬材料放入攪拌機打至順滑，按自己口味將味道調至酸、甜、鹹並重（如需要可加水）。
4. 準備一個大碗，放入蕎麥麵及其他蔬菜，與花生醬拌勻，最後灑上花生碎及青檸汁享用。
5. 青瓜去皮，舀出中間的青瓜籽，切塊，加上甜辣醬、青檸汁及芝麻拌勻，成為涼拌配菜。

友人純素推介

Ashley Clark

簡　　介：加拿大人，居於哥斯達黎加。現職健體教練、藝術家、攝影師，是 Naturally Ashley Nutrition 老闆

素食年資：成為純素者四年

低脂芝士通心粉

Mac n Cheeze

麵條材料：

脆青瓜 2 個

做法：

1. 脆青瓜削皮，切開兩邊，用蔬菜料理器製成麵條（或用蔬菜切片器亦可）。
2. 將麵條切成小件，看起來像通心粉，備用。

Vegan Tips

Ashley 買了 Paderno 蔬菜切片器，具有三塊刀片，用較大的刀片切成粗條；也可使用切絲器將脆青瓜削得像意粉一樣。

芝士醬材料：

新鮮有機粟米	2杯
新鮮紅椒	半隻
番茄乾	半杯
青葱	2-3棵
檸檬汁	半杯
墨西哥辣椒	1隻
蒜肉	1瓣
西芹	1-2片
辣椒粉	1茶匙

（或用生大麻籽2湯匙）

做法：

1. 所有材料放入攪拌機打至順滑及汁多。
2. 可加入西蘭花，伴青瓜麵享用。

番茄醬材料：

番茄	2個（切碎）
番茄乾	半杯（略浸）
檸檬汁	半杯
蒜肉	1瓣
青葱	1棵

（或洋葱粉1茶匙）

芒果乾	3-4個

做法：

1. 番茄碎及檸檬汁放入攪拌機攪拌，再加入其餘材料打至滑。
2. 伴青瓜麵享用。

友人純素推介

Deniz Kilic

簡　　介：居於德國慕尼黑，大學時修讀商業資訊管理，現於 conversion optimization 公司工作。

素食年資：成為純素者三年

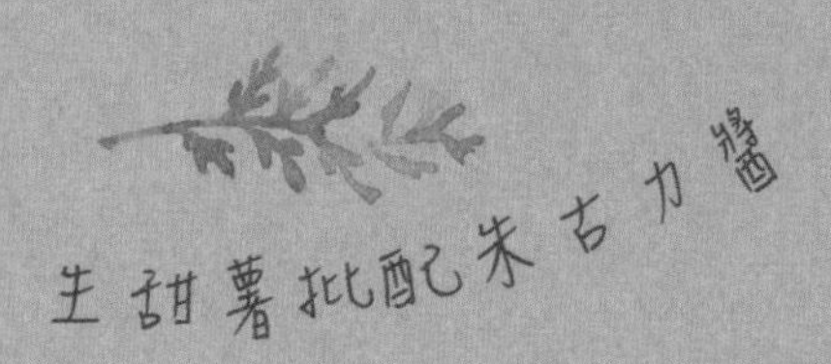

生甜薯批配朱古力醬

餅底材料：

蜜棗	125 克（用水浸數小時）
合桃或蕎麥	70 克（低脂）
可可粉	1 湯匙
雲呢拿油	少許
鹽	少許
開心果碎	2 湯匙

做法：

1. 除開心果外，所有材料放入食物攪拌機攪拌。
2. 加入開心果碎，用手拌勻所有材料，搓成餅底，壓入 12 厘米直徑的蛋糕盤內。

餅餡材料：

番薯	250 克
熟香蕉	1 隻（中型）
大麻籽	30 克
椰子油或可可牛油	20 克（放室溫至溶）
龍舌蘭糖漿（或其他甜味劑）	5 湯匙
肉桂粉	1 茶匙

做法：

1. 番薯去皮，切成小件。
2. 所有材料放入食物攪拌機攪拌約 2 分鐘，倒入蛋糕盤內。
3. 放入雪櫃凝結成固體，備用。

裝飾材料：

朱古力	適量（隔水座溶）
可可牛油或椰子油	1 湯匙
龍舌蘭糖漿（或其他甜味劑）	1 湯匙
可可粉	2 茶匙
任何果仁及乾果	適量

做法：

1. 將已溶化的朱古力倒在蛋糕上，鋪上果仁及乾果裝飾。
2. 又或將可可牛油（或椰子油）放在平底鍋煮溶，盛起，加入龍舌蘭糖漿及可可粉，用打蛋器攪勻，倒在蛋糕上，灑上果仁及乾果。

Vegan Tips

由於朱古力醬容易變硬，建議馬上裝飾蛋糕。

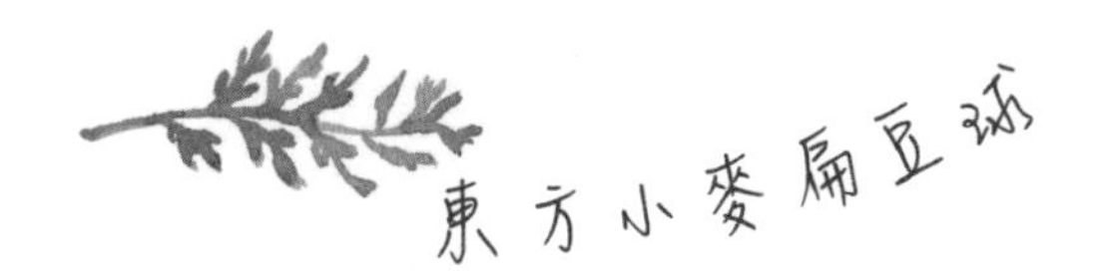

東方小麥扁豆球

材料：

紅扁豆	300 克
小麥	200 克
角豆膠	1 湯匙
芝麻籽、去殼大麻籽	各適量
香草	適量
水	1 公升

調味料：

辣椒醬	2 湯匙
葵花籽油	4 湯匙
香草鹽、鹽、黑胡椒粉	各適量
辣椒粉、孜然粉	各適量
檸檬汁	2 湯匙
青葱及香草	各少許

做法：

1. 煮滾 1 公升水，加入紅扁豆，以低溫煮至扁豆完全熟透（約 20 分鐘）。
2. 熄火，加入小麥，加蓋待 10 至 15 分鐘至小麥脹大，倒入角豆膠攪拌，盛於碗內待涼。
3. 加入調味料拌勻，搓成球狀，外層分別黏上芝麻、香草或大麻籽，蘸沙律伴吃。

Vegan Tips ……

- 小麥扁豆球可熱食；或放入雪櫃約 2 至 3 小時後享用，更美味可口。
- 可用麵粉 2 至 3 湯匙代替角豆膠。

友人純素推介

Del Sroufe

簡　　介：現居美國俄亥俄州Columbus，現職Wellness Forum行政總廚，撰寫《Forks Over Knives》、《Better than Vegan》、《The China Study Quick & Easy Cookbook》等食譜。

素食年資：成為純素者十五年

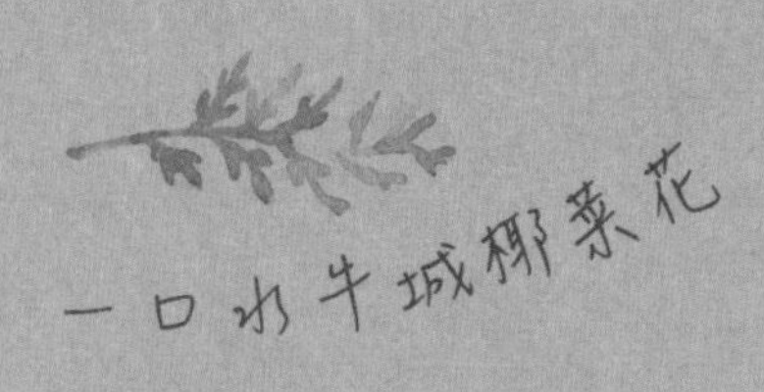

一口水牛城椰菜花

材料：

大椰菜花（切成1吋小花，約6杯份量）	1個
蒜粒	1 1/2湯匙
杏仁牛油	1/4杯
紅辣椒醬	半杯
全麥糕點麵粉	3/4杯
營養酵母	1/4杯
水	半杯

做法：

1. 焗爐預熱至190℃。
2. 除椰菜花外，將其餘所有材料拌勻，加入椰菜花拌勻。
3. 焗盤鋪上牛油紙，放入椰菜花，焗25分鐘至金黃色即成。
4. 若喜歡的話，享用時可多加紅辣椒醬伴吃。

Chapter Five
素食。好地方

因為工作的關係，我經常出外吃飯、買東西。這幾年在香港四出嘗試了很多純素產品和美食。其實我喜歡的有太多，但我精挑細選了幾間經常光顧的店舖，以及較為特別而在香港可找到的品牌，向您們誠意推介。

我特地拜託每一家餐廳和商店提供他們的招牌菜或秘密食譜，您可安在家中做到星級餐廳水準的特色料理。

素之樂創意蔬食料理

Vegelink Vegetarian Cuisine

素之樂創意蔬食料理以現代健康概念，注入多國風味研製精緻素食料理。午市供應各類素食點心及特色小炒；晚間提供私房料理，對「選擇困難症」的人最適合，晚餐是十一道菜的精品料理，毋須點菜。聽起來消費似乎很高，其實每人只需花費二百多元，可品嘗目不暇給的晚餐。菜單定期更新，喜慶節日另設特別套餐。顧客飲用的茶水和煮食用水都經過濾，健康安全。另外餐廳將超氧離子融入自來水，用以清洗蔬菜、水果，去除細菌、病菌和農藥，確保安全衛生。餐廳特設素食超市，專營素食材料、有機及天然保健產品。

幾年前回港定居後，我差不多每星期也到此飲茶和晚飯，我非常支持他們，除了因他們非常努力推廣素食之外，我很欣賞餐廳經理和大廚將食物及服務水準長時間保持一定質素。環境比較優雅，屬於新派的素食概念，有別於一般「食齋」的舊派餐館。老闆是馬來西亞人，專門店的貨品來源大部分也來自馬來西亞，親身視察食物工場，食品富有特色之餘，顧客也買得安心。

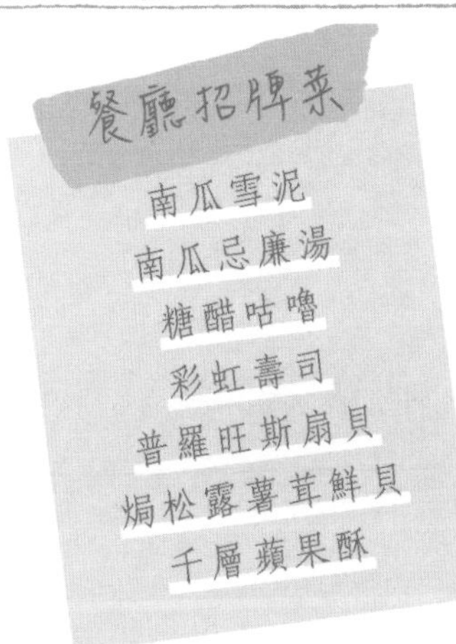

小帕極力推介

糖醋咕嚕
千層蘋果酥
午市點心
炭燒肉乾

美味佳餚數不勝數，要我選幾道菜推薦給大家一點都不易，但我認為糖醋咕嚕和千層蘋果酥不能不試。糖醋咕嚕是咕嚕肉的素食版，我身邊吃肉的親朋戚友都説它比真肉還好吃！蘋果酥是用新鮮蘋果、酥皮、肉桂粉和椰糖製造，入口香甜鬆化、不油膩。另外，午市點心如蘿蔔糕、全麥叉燒包、腸粉等也值得推介。餐廳內的食材專門店售賣的炭燒肉乾最令我歎為觀止，解凍後放進焗爐或多士焗爐稍加熱，吃起來跟新加坡某個牌子的肉乾不相伯仲。

美味分享

南瓜雪泥

材料：

新鮮南瓜 600克，馬鈴薯 150克

新鮮露筍 2條，無蛋沙律醬 200克

做法：

1. 新鮮南瓜放入焗爐烤熟，壓至南瓜泥。
2. 馬鈴薯蒸熟，切粒；露筍用熱水灼熟，切粒。
3. 待南瓜泥及馬鈴薯粒涼後，混入無蛋沙律醬拌勻，最後加入露筍粒即可。

素之樂創意蔬食料理

Vegelink Vegetarian Cuisine

北角渣華道56號胡曰皆大廈1字樓108室

Suite 108, 1/F, Foo Yet Kai Building,

56 Java Road, North Point, Hong Kong

電話:2807 1130

www.vegelink.com

樂農

Happy Veggies

位於灣仔的樂農素食餐廳，是一家以自負盈虧方式營運的社企，在2010年由香港影視明星體育協會慈善基金，參與民政事務總署推行之「伙伴倡自強」社區協作計劃項目而成，多年來向市民大眾推廣健康素食及環保的飲食文化，聘用年長待業、退休及聽障人士，透過實際工作，讓他們獲得訓練，並為弱勢社群提供就業機會，促使他們自力更生，融入社區，現於旺角及荃灣開設分店。

中式素食餐廳到處皆有，但既可吃素又可助人的地方卻寥寥可數。不懂得手語也不用擔心跟聽障人士溝通不了，客人可利用餐牌的「客人指定要求」，只要用手指示即可了。「樂農」內有售賣公平貿易的產品，如朱古力、果仁等。另外，餐廳堅持五大原則：少鹽、少糖、少油、無味精、無加工食材，我對健康飲食比較執著，所以樂農的精神實在值得一讚。

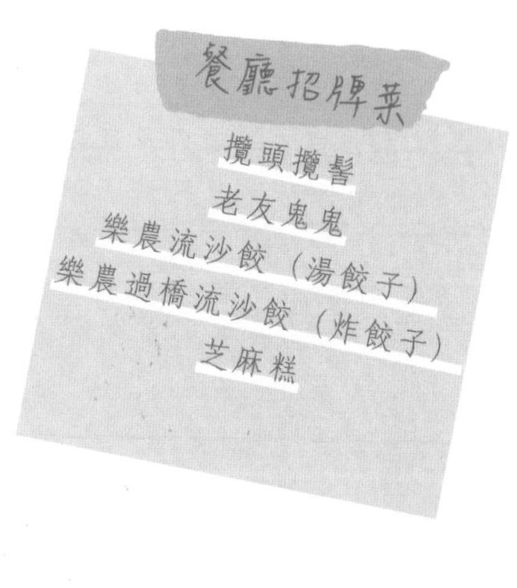

餐廳招牌菜

攬頭攬髻

老友鬼鬼

樂農流沙餃（湯餃子）

樂農過橋流沙餃（炸餃子）

芝麻糕

我喜歡吃香口的食物，吃起來像叉燒口感的「攬頭攬髻」和「炸過橋流沙餃」是我的最愛。油炸食品不健康，還是少吃多滋味，介紹給大家嘗嘗也是可以的！我特地向大廚要求流沙餃的食譜，大家在家也可試試這款番茄、薯仔餃子，它有別於一般冬菇或雜菜餃子，另有一番風味。

「老友鬼鬼」這款招牌菜名字抽象，其實它是焗魚腸的素食版，材料包括油炸鬼、粉絲、鮮腐竹及雞蛋（可免雞蛋）。面層脆、內層軟，看不出藏有油炸鬼。樂農豆漿鍋是一個清淡、健康的小火鍋，湯底不是豆漿，而是腐竹。火鍋雖小但材料豐富，有鮮冬菇、金菇、白果、銀杏、餃子和蔬菜。

美味分享

流沙餃

材料：

番茄　5斤，馬鈴薯　5斤

蒟蒻粉　2 1/2兩，餃子皮　適量

水　12兩

做法：

1. 番茄切粗粒，用水煮軟，埋生粉獻，備用。
2. 馬鈴薯蒸熟，用攪拌器打碎。
3. 蒟蒻粉與少許水調成糊狀。
4. 將以上三種材料放入攪拌器拌勻，待涼後，用餃子皮包起，灼熟後伴蔬菜湯享用。

樂農

Happy Veggies

灣仔軒尼詩道99號彰顯大廈1樓
1/F, Bayfield Building, 99 Hennessy Road, Wan Chai, Hong Kong
電話:2529 3338
www.happyveggies.hk

寶田源純素餐廳

Green Fresh Vegan Restaurant

位於荃灣的寶田源純素餐廳提供多款中西純素美食，用料經過精挑細選，以健康為大原則，例如沙律菜、椰子油、豆奶全用有機貨品，又以台灣低鈉海鹽、天然蔬果味素、原糖等調味，天然健康。餐廳內使用的素肉指定由台灣獲美國認證的食品廠供應，絕非基因改造。此外，煮食用的水經過濾，蔬果清洗後再用臭氧機去除果蠟、農藥，確保安全衛生。

開設純素餐廳是老闆 Helen 多年的夢想，因為本身吃純素的關係，一直以來「搵食艱難」，經常為了外出吃飯找餐廳而煩惱不已，而且近幾年不斷有黑心食品流入市場，以及時下工廠式飼養動物的悲慘情況，她看見身邊不少親朋好友患上癌症、糖尿病等，希望以純素餐廳為平台，提供健康美味的餐飲，宣傳純素對健康的好處。

烘培師傅選用淮山、腰果、椰棗等健康食材，研製多款沒蛋奶的蛋糕及沒烤製的甜點，深深地吸引我花一小時車程光顧。寶田源的菜式以西式為主，甜品絕對是其強項，而且沒蛋奶的甜品在香港不算流行，所以我全力推介他們的糕點。餐廳佈置簡潔，座位不算多，但其出品相當有水準。餐廳 2015 年 2 月開業，老闆、大廚、廚房的員工都是純素者，真正是身體力行，令人敬佩。

寶田源的素糕和雪糕都是自家製造，賣相吸引，真材實料。紅石榴素芝士糕除了賣相吸引外，貨真價實，烘培師傅並沒採用素芝士，反而用了腰果、椰子油、椰棗、紅菜頭、紅石榴、淮山等健康食材，顯然

餐廳招牌菜

寬條麵配黑松露野菌忌廉汁
串燒洋樂配沙爹汁
寶田源比薩
新鮮水果素糕配南瓜雪糕（或其他雪糕味道）
藍莓淮山糕
綠茶紅腰豆素芝士糕
瑞士卷

小帕極力推介

紅石榴素芝士糕
八香水果茶
肉醬意粉
自選湯粉麵

非常用心，味道清新可口。美味蛋糕配上一杯用八香果醬、玫瑰、檸檬、蘋果、桃子、奇異果、士多啤梨合成的八香水果茶，我覺得是人生一大樂事。此外，寶田源的肉醬意粉及自選湯粉麵最適合還沒習慣素食的人，麵條的味道和份量跟葷菜版一樣，自選湯粉麵更有素荷包蛋、素火腿、素丸等十多樣食材任君挑選。

美味分享

串燒洋樂配沙爹汁

材料：

三色甜椒（切成三角形小塊）

素洋樂（即素羊腩）

菠蘿　適量

沙爹汁：

咖喱粉　1茶匙

椰漿　半杯

花生醬　半茶匙

茄汁　1茶匙（可按個人口味增減）

做法：

1. 沙爹汁做法：燒熱鍋放入油一湯匙，用小火爆香咖喱粉，加入椰漿、花生醬及茄汁，邊煮邊攪拌。
2. 三色甜椒及素洋樂用竹籤串起，最後加一小塊菠蘿片。
3. 燒熱油鍋，下串燒炸2分鐘，盛起，淋上沙爹汁享用。

* 素羊腩用冬菇蒂製造，一般素食材料店有售，或轉用豆腐或蘑菇皆可。

寶田源純素餐廳

Green Fresh Vegan Restaurant

荃灣大河道77-89號寶成樓地下9號舖

Shop 9, G/F, Po Shing Mansion, 77-89 Tai Ho Road, Tsuen Wan

電話：2622 2817

https://www.facebook.com/greenfreshvegan

Mana! Fast Slow Food

Mana! Fast Slow Food 的餐廳名字好像有點矛盾，但「快」跟「慢」可以沒有抵觸的。老闆 Bobsy 說他們提供高質素的食物，但卻以快餐店模式運作，方便中環上班族，而且小店提倡健康與環保的餐飲體驗，提供有機及天然的素食，例如 Flats（捲餅）、沙律、果汁等。其裝潢貫徹經營理念，木色為主的格調流露原始美，餐具選取可天然分解的，此種種配備，表達重視生態和諧的生活態度。

2015 年 3 月，Mana! Raw 開業，雖只提供六個吧座，但同樣以保護環境的理念經營，強調品嘗 raw 食物的真味，提供較多生機食物為主的純素食及果汁。食生保留食物原味，自選果汁靈活地發揮營養功效，延續食材的優點。可惜今年 Mana! Raw 已結業，但在同一地點重開 Mana! Xpress，暫時還沒機會拜訪。

2012 年，Mana! Fast Slow Food 剛開業的時候，我已開始光顧，幾年前香港吃純素的餐廳不多，但 Mana! Fast Slow Food 約有九成以上的食物和飲品已是純素，營造香港新一代飲食潮流的指標。上環的 Mana! Café 也開始投入服務，想吃西式素食的，可光顧 Mana! Fast Slow Food；喜歡咖啡的朋友，Mana! Café 是一個很好的選擇。

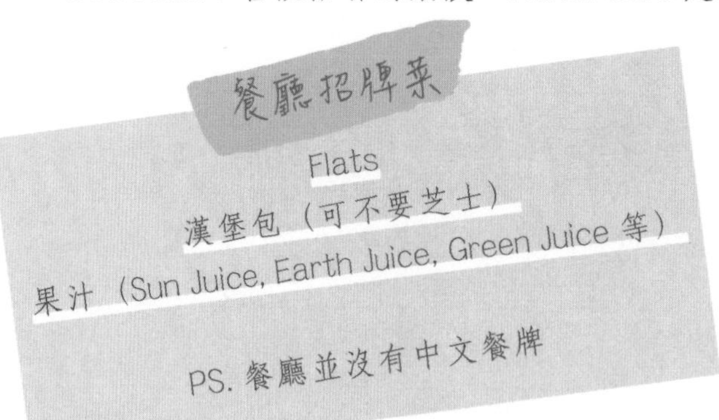

小帕極力推介

Mana! Bliss Flat

獨特自創的素食Flats，採用有機材料所做的麵包（另可選擇不含麩質），放上各式各樣的自選配料。我個人比較喜歡牛油果、鷹嘴豆泥、青瓜和菠菜的 Mana! Bliss。胃口小的，可以買半份，也可以留肚子吃沙律或甜品。Mana! Fast Slow Food 有兩款 Truffle——朱古力及椰子，大廚提供了椰子 Truffle 食譜，大家可以在家試做。

美味分享

Eden's Coconut Truffle（軟心椰子球）

材料：

腰果　2杯（用水浸半小時）

椰子蜜或楓葉糖漿　1/4杯

椰子油　1/4杯

椰子奶粉　1杯

開心果碎　1杯

做法：

1. 腰果及椰子蜜放入攪拌器攪拌，直至腰果變得細小。
2. 加入椰子油及椰子奶粉繼續攪拌，待混合物結成一團，冷藏一晚。
3. 將麵糰搓成一吋球狀，黏上開心果碎即可。

MANA! Fast Slow Food

中環威靈頓街92號

92 Wellington Street, Central, Hong Kong

電話：2851 1611

http://www.mana.hk

有機點

Organic Dot

有機點提供一站式有機及天然食物網上商店服務，產品包括香港、國內有機農產品、歐洲、南美洲及東南亞天然無添加零食、煮食調味料、素食食材等。客户可透過有機點的手機應用程式或網站瀏覽及選購，每天下午二時前訂購，翌日或隔天貨品會抵達客户之指定地點。安坐家中或辦公室也可輕鬆購買和享受家庭必備的健康食糧、蔬菜水果，甚至糖米油鹽醬醋茶各樣生活必需品。

2014 年春天，有機點三位創辦人首次到錦田八鄉農夫的家裏吃晚飯，菜式包括有機蔬菜火鍋，使用不同瓜果蔬菜配搭鮮甜的菜湯，雖沒任何調味料，卻驚歎天然的食物是如此鮮味。一碗來自大自然的飯菜，帶着兒時的回憶，掀起了一陣回憶媽媽的味道。晚膳期間，農夫細訴有機種植和銷售的難處、環境保護的重要，在這意識推動下，「有機點」誕生了。他們希望藉此平台，推動有機蔬菜普及化，幫助更多農夫投入有機種植，令每個家庭享受有機蔬菜的美好。農藥少了，土地生物得到保護，環境自然有所改善，這一切為了人類和地球的健康着想。我被這個故事感動了，最近嘗試他們的有機菜和天然食品。

招牌產品

有機時令蔬果盒（本地及昆明）
有機番薯葉（本地）
有機金針花（本地）
有機法國玉豆（昆明）
有機露筍（昆明）
有機蘋果（法國）
有機西瓜（本地及昆明）
有機士多啤梨（本地）

小帕極力推介

有機白菜仔（本地）
有機粟米（本地）
有機羽衣甘藍（本地及昆明）

近年香港流行進食有機蔬菜，超級市場、嘉年華會及網店都可購買各種各樣新鮮的農產品。我當然開心，但也有點擔心——究竟這些蔬菜是否真的有機種植？這也是很多消費者的疑問。有機點老闆之一Fansy本身是素食者，她對蔬菜的質量非常重視，親自到農場了解運作，確定有機點買入的蔬菜合符相關的有機認證，例如香港有機資源認證中心、南京國環有機產品認證中心、台灣吉園圃標章、台灣農委會有機標章、慈心有機認證等保證。

有機蔬菜根據季節而耕種，而且樣子和味道跟一般蔬菜有相當的出入。有機蔬菜的纖維一般比平常的高，吃起來較有嚼勁，樣子也可能醜一點，因沒有加工的關係，我們吃到的都是大自然給我們的寶藏。白菜仔外表幼長；有機粟米較為幼身、多汁甜美；羽衣甘藍在香港並不流行，所以在香港買到有機的羽衣甘藍實在有點喜出望外，價錢不算太貴，值得一試。

秋葵豆腐番茄沙律

材料：
有機番茄　1個
有機秋葵　數條
有機嫩豆腐　1盒

調味料：
麻油、鹽、芝麻粉、黑胡椒粉、檸檬汁、醬油
（*調味料份量依個人喜好，少量即可）

做法：
1. 秋葵洗淨，切小段；番茄、豆腐切小塊備用。
2. 燒滾水，放入秋葵及豆腐飛水，盛於碟內，待涼。
3. 將已拌勻的調味料淋在秋葵上，加入番茄拌勻即可食用。

有機點
Organic Dot

火炭坳背灣街34-36號豐盛工業中心B座16樓7室
Rm 7, 16/F, Block B, Veristrong Industrial Centre, 34-36 Au Pui Wan Street, Fo Tan, N.T.
電話：2686 8332
www.organicdot.com

甘薯葉

Batata

甘薯葉於2014年開業，是一家迷你的素食超市，店內提供700多款冷凍及乾貨食品，不含五辛，有供應純素及奶蛋素食品。甘薯葉也是一個讓素食主義普及的理念品牌，創辦人透過不同超市的銷售網、不同售賣素食或健康產品的零售夥伴，或網路上的大型銷售平台，讓大家有更多認識及體驗素食的機會。

為確保產品質素，他們除了與具備國際認證的供應商合作外，亦親赴台灣及馬來西亞參觀，監察大部分合作工廠的衛生環境及生產過程。同時，要求提供非動物成分的化驗報告，務求消費者安心選購。

20年前，老闆娘Sylvia連續六晚在夢境中得到一個啟示：「菩提本無樹，明鏡亦非台，本來無一物，何處惹塵埃。」她後來開始茹素，當時年僅15歲的兒子Gordon和妹妹在媽媽感染下也決定茹素。她的家族本是做成衣，茹素的種子慢慢萌芽，她深想與其做素食用家，不如當推廣者，毅然決定結束仍在賺錢狀態的生意，轉型推廣素食，以素食食品代理、批發及零售方式讓素食在本地普及。聽完她的故事，我又怎能不支持？2016年1月上旬，太子新店也開張投入服務。

加工的食物我盡量少吃，但對於吃葷或剛吃素的人來說，素肉是一個很好的代替品，在此可找到多款素肉或素海鮮，例如素牛排及素香檸魚柳全是純素食品。一般的素肉可能含有奶類材料，但我推介的食品及招牌產品則不含蛋奶。

招牌產品

素墨魚丸
純素菲力牛排
全素黑椒雞胸
素香檸魚柳
翡翠鮮蔬水餃
香椿鮮蔬鍋貼
香酥素魷圈

小帕極力推介

素墨魚丸
素香檸魚柳
香記白素雞
素蟹肉棒

我最喜歡素墨魚丸湯麵，只花幾分鐘可吃到一頓簡單的午餐。採用素香檸魚柳弄個西式三文治也非常容易，解凍後煎香或烤焗至外皮香脆，配上番茄、青瓜、牛油果、生菜，以及 Just Mayo 純素沙律醬，口味絕佳。香記白素雞的原材料是麵筋，由馬來西亞生產，是一款百搭食材，無論蒸、煎、炒都非常合適，我曾做成醬爆「雞」塊、香檸軟「雞」及海南「雞」飯，每次都有驚喜。素蟹肉棒的口感不特別討好，但勝在賣相和顏色不錯，做成沙律或壽司也很美味。

美味分享

五柳方魚青瓜卷

材料：

長方素魚	半條
青瓜	1 個
紅蘿蔔	1/4 個（切絲）
松子仁	1 湯匙
芝麻	少許
羅勒	少許

醬汁：

五柳料	半包
菠蘿	1 片（切丁）
番茄	半個
茄汁	1 湯匙
意大利黑醋	1-2 湯匙
糖	1 湯匙
生粉	1 茶匙
鹽	1/4 茶匙

做法：

1. 青瓜洗淨，刨成薄片備用。
2. 長方素魚切片，煎香，再切成小正方形備用。
3. 松子仁放入白鑊炒至金黃色。
4. 青瓜片鋪平，按次序放上素魚 2 小片、羅勒 2 片及紅蘿蔔絲，捲起，放於碟上，每卷伴以一茶匙已煮熱的醬汁。
5. 最後灑上少許芝麻及松子仁裝飾。

甘薯葉
Batata
葵涌大連排道 35-41 號金基工業大廈 8 樓
8/F Gold King Industrial Building,
35-41 Tai Lin Pai Road, Kwai Chung, N.T.
電話：2485 3423
www.batatagreens.com.hk

在多年素食的體驗中，除了以上的餐廳和店鋪介紹給大家之外，近年素食的市場蓬勃發展，有很多地方值得大家試試和光顧，以下簡單地介紹一下他們的特色，希望豐富你的素食歷程。

素食超市／品牌

名稱	地點	特色
Green Common	上環	純素產品冷凍櫃、素食食品
Food For Life	黃竹坑	純素護膚品、素食食品
Happy Cow	全港多個售賣點	本地製造的純素雪糕

素食餐廳

名稱	地點	特色
Grassroots Pantry	上環	高檔次紐約式素食
Maya Cafe	上環	精緻西式純素美食
Fresca	中環	素食沙律店
心齋	中環	純素廣東點心

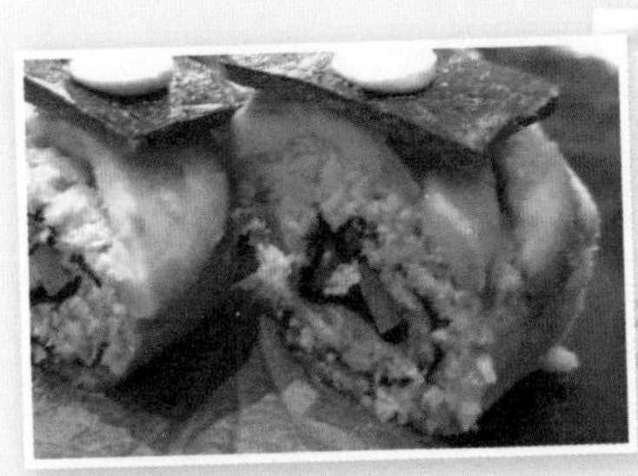
[Grassroots Pantry]

[Maya Cafe]

[Fresca]

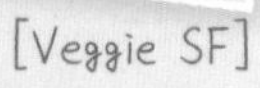
[Veggie SF]

[素食微調]

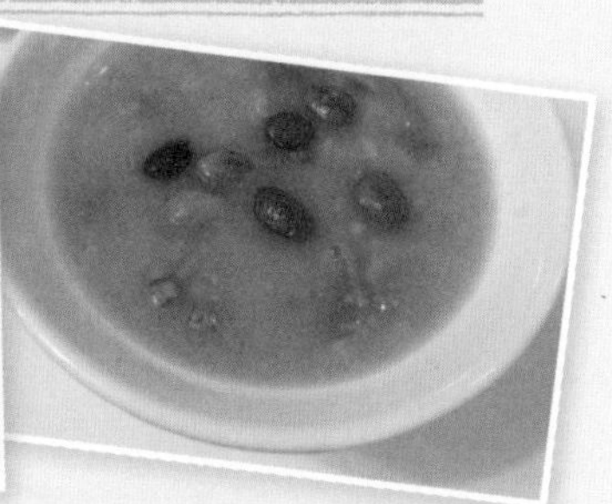
[慈心素食]

名稱	地點	特色
Veggie SF	中環	三藩市特色佈置的西式素食店。2016 年中開始所有食物為純素，也成為我最喜愛的餐廳之一。
愛家	灣仔	無蛋素撻、全純素快餐
素食微調	大坑	售賣新鮮果汁、蔬菜和水果
慈心素食	天后	採用健康食材，家庭式的素食自助餐
無肉食	炮台山	新派素食自助餐
Mum Veggie + Coffee + Sweet	黃竹坑	外賣素食三文治和壽司
大自然素食	全港多間分店	素食壽司及手卷
綠野小廚	尖沙咀	全生食餐廳，只在午市營業

[Mum Veggie + Coffee + Sweet]

[大自然素食]

[綠野小廚]

[Ateen 社企素食]

[志蓮淨苑]

[愛家]

名稱	地點	特色
Ateen 社企素食	荔枝角	精緻素食私房菜
泰式素食	九龍城	大排檔式多種泰式素食
志蓮淨苑	鑽石山	素食中餐廳和茶室
愛家	九龍灣	香港唯一純素麵包糕點店、全純素快餐
Veggle Café	觀塘	純素墨西哥餡餅和素漢堡包
Pizzaveg 常嚐素	屯門	純素薄餅
Natural Plus	大嶼山梅窩	純素芝士 Bagel、純素咖喱、果昔等
Bookworm Café	南丫島	素食與閱讀並重之悠閒餐廳

[Veggle Café]

[Pizzaveg 常嚐素]

[Natural Plus]

營男素女 Veganastic

作者 Author
小帕 Angie P.

策劃／編輯 Project Editor
Karen Kan

美術設計 Design
Charlotte Chau

出版者 Publisher
Forms Kitchen
香港鰂魚涌英皇道1065號
東達中心1305室
Room 1305, Eastern Centre, 1065 King's Road,
Quarry Bay, Hong Kong
電話 Tel 2564 7511
傳真 Fax 2565 5539
電郵 Email info@wanlibk.com
網址 Web Site http//www.formspub.com
http//www.facebook.com/formspub

發行者 Distributor
香港聯合書刊物流有限公司
SUP Publishing Logistics (HK) Ltd.
香港新界大埔汀麗路36號
中華商務印刷大厦3字樓
3/F., C&C Building, 36 Ting Lai Road,
Tai Po, N.T., Hong Kong
電話 Tel 2150 2100
傳真 Fax 2407 3062
電郵 Email info@suplogistics.com.hk

瀏覽網站 會員申請

承印者 Printer
百樂門印刷有限公司
Paramount Printing Company Limited

出版日期 Publishing Date
二零一六年十月第一次印刷
First print in October 2016

Published in Hong Kong by Forms Kitchen,
a division of Wan Li Book Company Limited.
ISBN 978-962-14-6188-9